KB182377

비대면 시대,
바른 ICT로
온택트 하기

연세대학교 바른ICT연구소가 들려주는 언택트 시대 이야기

비대면 시대, 바른 ICT로 온택트 하기

초판인쇄 2020년 11월 3일
초판발행 2020년 11월 3일

지은이 김범수 · 오주현 · 김미예 · 박선희 · 원승연 · 오현우 · 구윤모 · 최진선
펴낸이 채종준
기획 · 편집 유나영
디자인 홍은표
마케팅 문선영 · 전예리

펴낸곳 한국학술정보(주)
주 소 경기도 파주시 회동길 230(문발동)
전 화 031-908-3181(대표)
팩 스 031-908-3189
홈페이지 http://ebook.kstudy.com
E-mail 출판사업부 publish@kstudy.com
등 록 제일산-115호(2000. 6. 19)

ISBN 979-11-6603-176-2 03500

이 책은 한국학술정보(주)와 저작자의 지적 재산으로서 무단 전재와 복제를 금합니다.
책에 대한 더 나은 생각, 끊임없는 고민, 독자를 생각하는 마음으로 보다 좋은 책을 만들어갑니다.

비대면 시대,
바른 ICT로
온택트 하기

Barun ICT Research Center for Human-centered ICT Society

김범수 · 오주현 · 김미예 · 박선희 · 원승연 · 오현우 · 구윤모 · 최진선 지음

연세대학교 바른ICT연구소

이담
Books

PROLOGUE ■ ■ ■ ━

5G, 빅데이터, AI, IoT(사물인터넷) 등 ICT 기술을 융합한 비즈니스의 출현으로 기술과 서비스를 생산하는 기업뿐 아니라 이를 소비하는 이용자도 새로운 도전과 기회를 마주하고 있습니다. 이러한 기회는 지역, 국경, 시간 등의 제약을 뛰어넘어 디지털 경제의 활성화를 가속화하고 있습니다.

특히 2020년은 COVID-19의 전 세계적 확산으로 ICT 플랫폼을 활용한 비대면 생활이 우리의 일상으로 자리 잡은 해입니다. 집과 회사에서 진행하는 화상회의에 참여하고, 학교에서 진행하는 온라인 수업을 듣고, 마트에 가기보단 온라인 쇼핑을 일상적으로 하고 있는 우리에게 비대면 생활 문화는 이미 새로운 표준이 되어가고 있습니다.

ICT를 활용한 비대면 문화는 앞으로 어떻게 발전해 나갈 수 있을까요? 교육을 예로 들자면, 온라인 수업이 보편화된 교육 환경은 교육의 접근성과 대중화에 앞장설 수 있을 것입니다. 하지만 누군가 온라인 교육에 필요한 ICT 플랫폼에 접근할 수 없다면, ICT를 통한 기회는 오히려 정보의 불균형을 야기할 수 있습니다. 이는 정보 격차로 이어지며, 생활의 격차까지 발생할 수 있는 측면도 분명히 존재합니다. 비대면 문화는 교육뿐 아니라 사회, 경제, 문화 등 다양한 측면에서 우리 사회의 곳곳에 확산되고 있는 만큼, 비대면 시대에 맞는 바른 ICT 활용에 대한 깊이 있는 고찰은 반드시 필요합니다.

연세대학교 바른ICT연구소는 비대면 문화가 일상화된 사회에서 ICT가 우리에게 미칠 영향에 대해 다양한 관점으로 연구를 진행하고 있습니다. ICT는 우리에게 어떤 혜택을 주고 있고, 이로 인해 우리의 삶은 어떻게 변화해 나가고 있을까요? 또한 이러한 변화로 인해 나타날 수 있는 문제점들은 무엇이고, 어떻게 대비해 나가야 할까요? 이러한 질문에 답하기 위해 각 분야 전문가들의 통찰력 있는 칼럼을 모아서 독자들과 함께 소통하고자 이 책을 펴내게 되었습니다.

이 책은 지난 2019년 6월부터 SKT Insight 공식 블로그에 연재한 〈ICT 칼럼〉을 기반으로 작성하였습니다. 해당 지면을 통해 개인정보 분야는 김범수, 사회 분야는 오주현, 생활과 기술 분야는 김미예, 건강 분야는 박선희 저자가 주로 작성하였고, 각 분야 전문가들이 바라보는 ICT의 긍정적인 활용과 바른 사용에 대한 견해를 경계 없이 전달하고자 하였습니다. 다행히도 ICT를 활용한 많은 분야에서는 이미 테크놀로지의 장점을 극대화하여 비대면 상황에서 사용하고 있습니다. 또한 이로 인해 발생될 수 있는 문제점을 미리 파악하고, 이에 대응하기 위한 많은 노력들이 이루어지고 있음을 확인할 수 있었습니다.

ICT에 기반한 비대면 사회로의 변화 속도는 앞으로 더욱 빨라질 것입니다. 이러한 흐름 속에서 비대면 사회가 가져올 수 있는 긍정적인 변화는 많은 사람들에게 기회로 다가올 것입니다. 물론 이로 인해 발생할 수 있는 부작용에 대처하기 위한 준비도 필요합니다. 이 책을 통해서 독자들이 ICT를 통한 비대면 문화의 빛과 그림자를 다양한 관점으로 생각해보는 시간을 가졌으면 합니다. 비대면이 일상화된 시대, ICT의 바른 활용으로 많은 사람들이 더 많은 행복을 누릴 수 있기를 바랍니다.

저자들의 마음을 함께 담아
연세대학교 바른ICT연구소 소장 김범수

CONTENTS

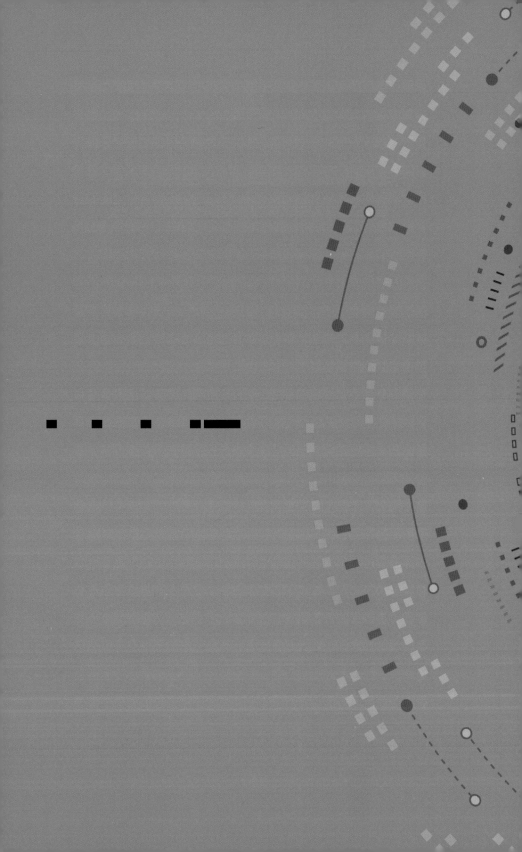

Part 1

건강

1

한 살 버릇 백세까지!
영유아 건강한 미디어 습관

"이제 17개월 된 아기인데... 스마트폰으로 유튜브 보는 걸 너무 좋아합니다.

보고 싶은 거 골라서 보고 광고 건너뛰기도 할 줄 알아요.

아이에게 좋지 않다는데 어떻게 해야 할까요?"

맘 카페에 들어가 보면 어린 자녀의 스마트폰 이용과 관련해서 고민을 이야기하는 경우를 쉽게 볼 수 있습니다. 스마트폰이 도입된 지 얼마 지나지 않았을 때는 스스로 스마트폰을 사용하는 어린 자녀가 천재가 아닌가 하는 착각을 하는 부모들도 있었지요. 그러나 스마트폰 중독과 의존에 대한 인식 향상과 함께 자녀의 건강한 미디어 이용 습관을 만들기 위해 노력하는 부모들이 증가하고 있습니다.

우리 아이, 스마트폰 언제부터 써야 할까요?

식당, 카페 등 공공장소를 둘러보면 남녀노소 불문하고 손에 스마트폰이 들려 있습니다. 하물며 만 1~2살 되는 어린 영유아들도 호기심 어린 눈빛으로 주변 세상을 살펴보기보다는 스마트폰 안의 작은 세상만을 바라보고 있는 것을 흔히 볼 수 있습니다. 바른ICT연구소의 영유아 스마트폰 사용에 대한 실태조사(2018년 10월 17~24일)에 따르면, 12개월 이상 만 6세 이하의 영유아 자녀를 둔 부모 602명 중 59.3%가 자녀가 스마트폰을 사용하고 있다고 응답했으며, 스마트폰 사용 영유아 중 12개월 이상~24개월 미만에 처음 보여 줬다고 응답한 비율이 45.1%로 가장 크게 나타났습니다. 주목해야 할 부분은 스마트폰 사용 시기가 점점 빨라지고 있다는 점입니다.

영유아 자녀의 스마트폰 첫 이용 시기

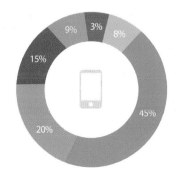

● 12개월 미만	8%
● 만 1살(12~24개월 미만)	45%
● 만 2살(24~36개월 미만)	20%
● 만 3살(36~48개월 미만)	15%
● 만 4살(48~52개월 미만)	9%
● 만 5살(52~64개월 미만)	3%

이와 같은 상황은 우리나라만의 문제는 아닙니다. 미국 비영리기관인 'Common Sense Media'[1]나 영국 비영리단체인 'Internet Matters'[2]에서도 어린이들이 건강한 미디어 이용 습관을 만들 수 있도록 자료를 제공하고 있습니다. 최근에는 WHO(세계보건기구)에서도 5세 미만 어린이들의 건강한 성장을 위한 신체적 활동과 수면 시간에 대한 가이드라인을 제시했습니다.

WHO는 '정적인 스크린 타임(sedentary screen time)'을 TV, 컴퓨터, 모바일 기기를 통해 수동적으로 엔터테인먼트를 즐기는 시간으로 정의했습니다. 2세 미만은 스크린 타임의 노출을 피할 것을 권고했고, 2~4세는 스크린 타임을 적게 쓸수록 좋으며, 1시간 이상 넘기지 말 것을 권고했습니다.[3] 본 가이드라인의 핵심은 어린이들이 신체적 활동은 늘리고, 정적인 시간은 줄여 수면의 질이 보장되면 신체적, 정신적 건강과 삶의 질이 향상될 것이라는 점입니다.

우리 아이, 스마트폰 어떻게 써야 할까요?

성인은 전화기, MP3 player, 카메라, 컴퓨터, 게임기, 내비게이션이 별도로 존재하던 시절을 알고 있지만, 현재 대부분의 영유아는 '스마트폰' 하나만 접했을 것입니다. 성인은 상황에 따라, 필요에 따라 스마트 미디어를 활용해 정보를 찾기도 하고, 커뮤니케이션을 하거나 음악을 듣기도 합니다. 물론 성인조차도 스마트폰의 유혹을 쉽게 뿌리치지는 못합니다. 그렇다면 영유아 자녀는 스마트폰을 어떻게 사용하고 있을까요?

주로 이용하는 콘텐츠

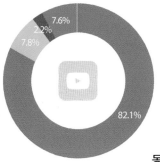

- ● 유튜브 및 YT키즈 등 동영상 플랫폼
- ● 교육용 애플리케이션
- ● 게임
- ● 사진 및 동영상
- ● 기타

7.6%
2.2%
7.8%
82.1%

동영상 플랫폼에서 주로 이용하는 콘텐츠

- ● 애니메이션 및 만화
- ● 노래 및 율동 동영상
- ● 장난감 소개 및 놀이 동영상
- ● 기타

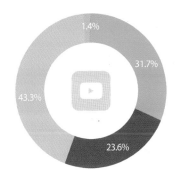

1.4%
31.7%
43.3%
23.6%

바른ICT연구소 실태조사에 따르면, 영유아 자녀가 주로 이용하는 콘텐츠는 유튜브 및 YT키즈 등의 동영상 플랫폼이 82.1%로 압도적으로 나타났으며, 동영상 플랫폼을 통해 장난감 소개 및 놀이 동영상(43.3%), 애니메이션 및 만화(31.7%), 노래 및 율동 동영상(23.6%)을 이용하는 것으로 나타났습니다. 스마트 미디어의 교육적 활용보다는 엔터테인먼트용으로 사용되고 있음을 알 수 있습니다.

피할 수 없다면 현명하게!

스마트폰을 통한 정보 활용

스마트폰이 우리 생활에 주는 유용함을 부인할 수는 없습니다. 그리고 어린 자녀들은 스마트폰을 비롯한 디지털 기기를 사용할 수밖에 없는 환경에서 살고 있습니다. 그렇다면 스마트폰을 유튜브나 게임으로만 인식하는 것이 아닌, 필요한 정보를 찾아볼 도구이자 이야깃거리를 제공하는 기기로 삼으면 어떨까요?

부모부터 일상생활 속에서 필요한 정보를 찾고 정보를 습득한 후에는 스마트폰을 내려놓는 모습을 보여줌으로써 자녀의 건강한 미디어 습관을 만들어주는 것이 중요합니다. 스마트폰 사용에 대한 생각의 변화가 소중한 자녀의 행동, 습관, 관계, 그리고 인생을 바꿀 수 있습니다.

2

스마트폰이 우리 삶에 미치는
긍정적인 영향

    스마트폰을 신체의 일부처럼 사용하는 새로운 인류를 '포노사피엔스'라고 합니다. 휴대폰을 뜻하는 'Phono'와 생각, 지성을 뜻하는 'Sapiens'의 합성어입니다. 최재붕 교수는 인문과 공학을 아우르는 통찰과 체계적인 데이터 분석을 통해, '포노사피엔스'라는 신인류의 등장으로 지난 10년간의 급격한 시장 변화가 이뤄졌고, 새로운 '문명'이 만들어졌다고 했습니다.

    포노사피엔스는 누구도 강요하지 않았지만 TV와 신문을 끊었고, 스마트폰을 미디어와 정보의 창구로 선택했으며, 은행지점에 발길을 끊고 온라인 뱅킹을 선택했습니다. 스마트폰을 통해 우버, 에어비앤비, 넷플릭스, 유튜브 등 새로운 비즈니스에 접속해 세계시장으로 활보하고 있는 이들도 바로 포노사피엔스입니다. 이들의 선택은 상상 이상으로 빠른 속도로 확산되고 있습니다.

이러한 세상의 변화 속에서도 여전히 아이들을 키우는 부모와 어른은 새로운 문명은 위험천만하다고 믿으며 신문명의 부작용을 최소화하려는 상식에 따라 '소중한 내 아이에게는 몇 살 때부터 얼마만큼 스마트폰을 허용할 것인가?' 등을 고민하곤 합니다. 어쩌면 그동안 스마트폰으로 인한 긍정적인 내용보다는 정신적, 신체적으로 건강에 미치는 부정적인 영향에 대해서 더 많이 접했기 때문인지도 모릅니다.

미국 캘리포니아 대학의 한 연구소에서는 스마트폰이 우리의 삶에 미치는 긍정적인 영향에 대한 한 가지 실험을 했습니다.[4] 대학생 참가자 141명을 스마트폰을 사용할 수 있는 그룹, 스마트폰을 소지하고 있지만 사용을 제한한 그룹, 그리고 스마트폰을 아예 소지하지 못한 그룹으로 나눈 다음, 약 8분 동안 사회적으로 배제된 상황(연구 대상자를 옆에 두고 나머지 두 명이 친근하게 대화함)을 경험하게 한 전후에, 참가자들의 타액 스트레스 호르몬 측정과 자가보고 설문을 통해 스트레스 반응을 확인했습니다.

그 결과 스마트폰을 아예 소지하지 못한 그룹은 사회적 배제 상황에 대해서 배제감, 거절감, 고립감을 경험했으며, 타액 스트레스 호르몬의 변화 수준이 실험 당시 스트레스를 받았다는 것을 보여줬습니다. 그런데 다음 결과가 특이합니다. 스마트폰을 소지하고 있지만 사용할 수는 없었던 그룹에서는 스트레스 호르몬의 변화 수준이 비교적 평탄했고, 스마트폰을 사용한 그룹과 유의한 차이가 없었다는, 즉 스트레스 반응이 경미했다는 겁니다.

인간은 본능적으로 사랑과 소속의 욕구가 있는 존재이기 때문에, 타인에 의해 배제감을 느끼게 된다면 이로 인한 스트레스로 심리적, 신체적 문제가 나타나며, 건강의 악화로 이어질 수 있습니다. 그런데 위의 실험 결과로 보면 스트레스 상황에서 스마트폰을 몸에 지니고 있는 것만으로도 스트레스에 완충작용을 했으며, 사회적 고립감이나 배제감이 야기될 상황에서 스마트폰이 정서적 안식처의 역할을 해주는 것으로 나타났습니다.

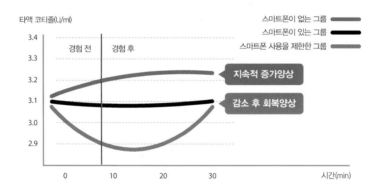

스트레스 경험 전후, 시간에 따른 타액 코티졸의 변화

출처: Hunter JF, Hooker ED, Rohleder N, Pressman SD (2018). The use of smartphones as a digital security blanket: The influence of phone use and availability on psychological and physiological responses to social exclusion

앞으로는 스마트폰에 대한 신체적, 정신적 건강뿐만 아니라 우리의 삶에 미치는 긍정적인 측면에 대한 연구가 더 많이 나오면 좋겠습니다. 그러면 스마트폰 자체를 영향력이 있는 요망한 것이라고 치부하며 무조건 제한하거나, 단순히 좋다, 나쁘다는 이분적인 사고에서 벗어나 스마트폰이 제공해주는 이익을 좀 더 과감하게 누려볼 수 있지 않을까요?

지능정보 시대에 스마트폰으로 가능한 무궁무진한 세상과 접속하여 편리함 이상의 삶을 누리며, 기능들을 합리적이고 윤리적으로 사용하면서 능동적이고 주도적인 포노사피엔스가 한번 되어보는 것도 나쁘지 않을 것 같습니다.

3

김 과장, 새해에는 디지털 보조제로
금연에 성공할 수 있을까?

애초에 흡연을 시작하지 않았더라면 좋았겠지만, 이미 담배의 깊은 맛에 빠져든 사람에게 금연은 매년 새해가 되면 하는 결심 중의 하나이며, 여러 차례 맛본 실패의 경험일 것입니다. 금연은 먹고 있는 단 사탕을 누군가에게 빼앗기는 것과 같은 상실감을 느끼기도 한다고 합니다.

금연을 시도했던 적이 있는 금연 실패자를 심층 면담해보니, 다시 흡연하고 싶다는 유혹을 이기지 못해서, 자신도 모르게 습관적으로 담배에 손이 가서, 스트레스 해소를 위해서와 같은 이유로 금연에 실패하게 되었으며, 특히 "본인의 힘만으로는 금연하기 힘겹다"라는 내용이 지배적이었습니다.[5]

최근 1년 동안 담배를 끊고자 24시간 이상 금연을 시도한 적이 있는 사람은(금연 시도율) 2015년에 36.1%로 대폭 증가했으나, 곧 다시 감소해 2018년에는 24.8%에 그쳤습니다. 2015년도의 금연 시도율 증가는 당시 사회적으로 금연에 관심을 가지고 담뱃값을 대폭 올렸던 이유라고 볼 수 있습니다. 금연 시도율의 감소는 흡연 관련 건강 문제의 증가와 연결된다는 점에서 우려되는 지표입니다.

하지만 매년 흡연자 4명 중의 1명은 금연을 시도하고자 노력하고 있기 때문에 지표는 얼마든지 바뀔 수 있습니다. 금연 시도자가 금연 성공이라는 결실을 보기 위해서 최근에는 구체적이고 현실적인 도움을 줄 디지털 보조제가 등장해 눈길을 끌고 있습니다.

금연 시도율과 연령별 흡연율

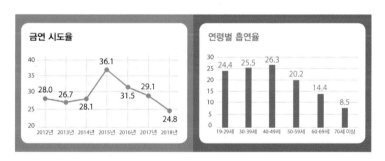

출차: 지역사회 건강조사자료(통계청, 2019), 국민건강통계(통계청, 2019)

'디지털 보조제(디지털 중재 혹은 디지털 건강기술, digital aids)'란 사람의 행동 변화를 증진하는 데 도움을 주는 ICT(정보통신기술) 서비스입니다. ICT 서비스라고 하면 거창해 보이지만, 모바일 앱이나 VR(가상현실) 기기 혹은 게임과 같이 비교적 친숙한 개념입니다. 미국에서는 이미 임상시험과 FDA의 승인을 얻어 약물중독 효과가 입증된 '리셋'이라는 디지털 치료제 앱이 있습니다. 의사가 앱을 환자에게 처방하면 환자는 본인의 휴대폰에 '리셋'을 설치해 충동 억제 훈련 등을 받습니다. 실제로 약물중독의 충동 억제에 효과가 있다고 합니다.

우리나라에서도 보건복지부에서 '금연길라잡이'라는 디지털 보조제 앱을 만들어 금연 시도자를 돕기 위해 다양한 프로그램을 시행하고 있습니다. 앱을 통해서 금연 시도자들이 서로 만나 성공과 실패를 공감하고, 매일매일 업데이트되는 금연일기를 통해 자극받기도 하고, 금단증상의 발생 등 급한 경우에는 금연상담사와의 채팅을 통해 상담을 받을 수도 있습니다. 실제로 이 앱에 지속적으로 접속하고 교류하면서 금연에 성공한 사례들이 증가하고 있습니다.

금연을 위한 디지털 보조제의 이용은 어렵게 시간을 내서 멀리 있는 프로그램 주최기관에 가야 하는 시간을 벌어주고, 곱지 않은 주변 사람들의 시선에서 벗어나 자유롭게 참여할 수 있는 장점이 있습니다. 캐나다에서는 금연 시도자의 40%가 디지털 보조제를 이용해 금연하는 것을 희망했으며, 영국에서는 흡연자의 50%가 디지털 보조제에 관심을 보였습니다. 미국은 이미 19.8%의 흡연자가 디지털 보조제를 이용해 금연을 달성했다는 연구 결과도 있습니다.[6]

우리나라의 흡연율은 OECD 국가들에 비해 상당히 높은 편이지만, 장노년층에 비해 스마트폰 앱의 사용이 비교적 자유롭고 익숙한 세대인 2-40대가 가장 흡연율이 높아 디지털 보조제가 금연에 많은 도움이 될 수 있을 것입니다. 스마트폰 보급률도 높으니, 디지털 보조제가 확산할 수 있는 기반은 이미 마련돼 있습니다. 여기에 5G 이동통신망이 구축되고 AI(인공지능) 기술이 발전하면서 ICT가 인류의 건강을 관리하는 시대를 앞당기고 있습니다.

'하루 세 번' 식후에 금연길라잡이 앱 접속, 30일 동안 '자기 전' 금연일기 작성. 이 정도 처방을 잘 이행하면 아마도 금연에 성공할 수 있지 않을까요? 금연에 관심 있는 김 과장을 비롯한 여러 금연 시도자들이 디지털 보조제를 잘 이용하여 올해에는 꼭 금연에 성공하고 건강해지기를 기대해 봅니다.

4

코로나19 예방,
손 씻기만큼 중요한 스마트폰 청결

　2020년 3월 WHO(세계보건기구)에서는 코로나19에 대해 '국제적 공중보건 비상사태'를 선포했습니다. 현재와 같은 위드 코로나 시대에는 대부분의 사람들이 감염을 최소화하기 위해서 공공장소에 가는 것을 제한하거나, 행동반경을 좁혀 사회적 거리 두기를 위해 노력하는 중입니다. 그리고 사회적 거리 두기만큼이나 중요한 것은 손 씻기, 마스크 착용 등의 신체적인 거리 두기입니다. 하지만 간과하기 쉬운 부분이 있습니다. 바로 주변 환경입니다. 나와 일상을 함께 보내는 컴퓨터 모니터, 컴퓨터 키보드, 책상, 스마트폰… 등을 포함한 개인위생 청결에도 노력해야 합니다.

바이러스가 노리고 있는 눈, 코, 입

코로나19는 동물과 인간을 감염시킬 수 있는 바이러스로 감염이 되면 14일간의 잠복기를 거쳐서 호흡기 질환으로 발현합니다. 코로나19는 현재로선 치료 약이 없을 뿐만 아니라 치사율과 전염력이 높아서 내 몸에 침투하지 못하도록 철통방어가 중요합니다. 바이러스가 우리 몸의 보호 장벽인 피부를 뚫긴 쉽진 않지만, 콧구멍, 입, 눈과 같이 구멍이 있는 피부를 통해 들어와서 점막을 배지 삼아 번식하게 됩니다.[7] 그래서 우리는 바이러스로부터 눈, 코, 입을 사수해야 합니다.

바이러스의 전파자는 바로 '손'

신종 감염병을 예방하는 가장 중요한 두 가지 수칙이 손 씻기와 마스크 착용입니다. 마스크 착용은 바이러스 입자가 포함된 침방울을 막을 수 있어 예방적이라는 것은 알겠는데, 손 씻기는 왜 '자가예방접종'이라고 불릴 만큼 감염 예방에 필수적일까요? 그 이유는 손이 바이러스의 가장 큰 감염원이기 때문입니다. 감염의 80%가 손에서 손으로, 그리고 손에서 다른 물건 등으로 바이러스가 전파됨으로 인해 발생합니다.

손으로 눈을 비비거나, 콧구멍을 만지는 과정에서 눈, 코, 입 주위의 피부에 있던 바이러스가 점막으로 유입되어 감염될 수 있습니다. 무의식중에도 우리는 오염되었을 수 있는 곳을 계속 만지고 있으며, 그 빈도는 손을 씻는 횟수를 훨씬 능가합니다. 미국과 브라질에서 249명을 66.2시간 동안 관찰한 결과, 평균 한 시간에 3.6회 입과 코의 점막을 만지고 있다는 사실을 발견하였습니다.[8] 그런데 손 씻기는 한 시간에 과연 3.6회가 가능할까요?

더불어 온갖 기계와 물건을 만진 손을 내 눈, 코, 입에 갖다 비비면서 바이러스와 세균이 다량 유입이 될 수 있습니다. 실제로 지난 2015년 메르스 사태 때, 감염이 발생하였던 모 병원의 화장실을 조사했는데, 변기의 물 내리는 손잡이 레버에서 다량의 메르스 바이러스가 검출되었다고 합니다. 얼마나 많은 사람들이 그 레버를 만졌으며, 그 손으로 눈, 코, 입을 만졌을까를 생각하면 공포스럽기까지 합니다. 그렇지만 손을 눈, 코, 입으로 가져가기 전에 손 씻기만 잘 하면 내 몸에 바이러스의 침투를 막을 수 있다고 하니, 손 씻기가 감염 예방에 가장 기본적이면서 중요한 방법입니다.

손을 씻는 것만으로는 부족하다, 내 몸의 일부인 스마트폰을 닦아라

일상생활의 일부인 스마트폰과 컴퓨터 키보드, 마우스 등의 오염과 청결에 대해서 심각하게 생각해 본 사람이 얼마나 될까요? "무슨 기계에 세균이 있어?"라고 생각할 수도 있지만, 스마트폰과 컴퓨터 키보드의 세균 오염은 심각한 수준입니다. 닦지 않는 이상 수일에서 수주까지 세균이 남아있어 세균의 저장소 역할을 합니다.[9] 스마트폰 자체의 세균과 바이러스가 문제이기도 하지만, 이것을 손으로 만진 뒤 눈, 코, 입을 비비면서 교차오염이 일어나 우리 몸 안에 세균이 들어와 번식하게 되는 것이 큰 문제입니다.

혹시 여러분이 화장실에서 볼일을 보고 나오면서 손 씻기보다 먼저 스마트폰을 만졌다면, 그리고 잠시 스마트폰은 옆에 두었다가 손을 씻고 다시 스마트폰을 손에 들었다면, 과연 손을 씻은 효과가 있을지 의문입니다.

디지털 사회에서 스마트폰이나 웨어러블 디바이스 등의 ICT(정보통신기술)[10] 기기는 내 몸의 일부라고 할 수 있습니다. 생활을 윤택하게 만들어주고, 아픈 사람들에게 생명을 연장시켜줄 수 있는 기기는 더 이상 기기라기보다는 내가 매일 터치해 주고, 관리해 주어야 할 나의 일부로 다루어야 한다고 생각합니다. 우리는 그동안 간과하고 있었던 개인위생 문제에 스마트폰을 함께 포함해 세균이나 바이러스의 온상지가 되지 않도록 해야 합니다.

손을 자주 씻고 눈, 코, 입을 만지지 않는 일상적인 습관이 코로나19로부터 자신을 지킬 수 있습니다. 하지만 이에 앞서 스마트폰과 ICT 기기의 청결과 위생은 손 씻기보다 먼저입니다. 물과 비누로 30초 동안 손을 씻기 전에, 지금 당장 물티슈를 한 장 꺼내어 여러분의 손에 들려진 스마트폰 표면에 묻은 지문, 기름기, 그리고 홈이 파진 곳의 먼지들을 닦아보는 것은 어떨까요?

5

코로나19로 찾아온 마음속 우울증, AI가 해결책이 될 수 있을까?

코로나19 바이러스는 이미 석 달이 넘도록 도시의 공기를 장악하고 있습니다. 모든 사람들이 감염병의 세계적인 대유행 (pandemic) 상황에서 5mm가 채 안 되는 얇은 마스크에 운명을 의존하면서 직장생활, 일상생활, 그리고 사회생활에 큰 변화를 겪으며 친구와 가족을 서로 기피하고 있습니다. 과연 언제까지 이러한 불안정한 일상이 지속되어야 하는 것일까요?

스트레스 발생은 자연스러운 일

병에 직접 감염되지 않았더라도, 이러한 변화는 집단적 스트레스나 패닉을 유발할 수 있습니다. 사람들은 어떤 변화나 스트레스

스트레스 수용 과정

처음에는 기정 사실을 거부합니다. 이후 화가 치밀어 오르는 단계를 지나,
스스로 협상을 하고 우울을 거치죠. 마지막에는 현실 상황을 받아들입니다.

거부   화남   협상/우울   현실 인정

상황에 대처하기 위해 적응 과정을 거치는데 이를 '스트레스 수용 과정'이라고 합니다. 이 과정을 간단히 살펴보면 다음과 같습니다. 처음에는 기정사실을 거부합니다. 이후 화가 치밀어 오르는 단계를 지나, 스스로 협상하거나 우울한 감정을 느끼고, 마지막에는 현실 상황을 받아들입니다.

같은 상황이라고 해도 사람마다 스트레스를 받아들이는 시간은 다릅니다. 어떤 사람은 수일에서 한 달이 걸리는 반면 어떤 사람은 1년이 걸리거나, 그 이상의 시간이 지나도 영영 받아들이지 못할 수도 있습니다. 물론 수용 과정의 경중도 사람마다 다릅니다. 중요한 것은 조금씩 양상은 다르더라도 이 과정은 누구에게나 적용되는 일반적이고, 자연스러운 현상이라는 것입니다.

실제로 미국에서는 에볼라 전염병이 확산되었을 때 스트레스 관리 요령을 배포하며, 전염병 발생 상황에서 본인이나 가족에 대한 걱정, 좌절감, 무력감 등의 부정적인 정서를 경험하는 것은 자연스러운 반응이라고 안내했습니다.

AI, 정신건강 해결의 가능성이 될 수 있나

최근에는 이러한 스트레스로 인한 정신적 고통을 해소하는 데 AI(인공지능)가 유용하다는 연구 결과가 나와 관심을 끌고 있습니다. AI는 스트레스 대상자와 상담을 진행할 때, 상담 내용을 토대로 기존에 축적된 데이터와 비교하여 진단과 치료 방법을 제시합니다. 이때, 대상자의 독특성이나 복합성까지 고려해 진단합니다. 이 뿐만 아니라 AI 상담은 비용이 저렴하고, 빠른 시간 안에 많은 사람의 상담을 진행할 수 있습니다.

특히 AI를 이용한 상담은 현재 코로나19의 대유행 상황에서 유용할 수 있습니다. 동시다발적으로 많은 사람이 불안을 호소하지만, 모든 이들이 정신과 의사를 찾을 수 없는 집단 스트레스 상황에 적합한 기술입니다. AI 치료사는 한 치의 흐트러짐 없이 한결같은 모습으로 내담자를 이해해 주고, 상황을 객관적으로 파악해 적절한 처방을 내려줄 수 있습니다.

물론 현재까지 AI가 할 수 있는 일은 보조 역할에 불과하다는 시각도 있습니다. AI가 실제로 인간의 생각을 알아채고, 대상자 개개인의 인생, 경험 증상, 욕구, 재정 상태 등의 다양한 상황을 알아낼 수 있을지 확신할 수 없기 때문입니다. 하지만 그만큼 신뢰할 수 있는 수준의 사례를 축적해 나간다면, 곧 우리 사회에서 정신건강 관리의 대안으로 자리 잡을 수 있을 것입니다.

스트레스 방역에는 공신력 있는 정보가 중요하다

AI를 통한 정신건강 상담은 아직 초기 단계인 만큼 집단의 불안과 스트레스 관리를 위한 사회적 방안은 필수입니다. 이때 중요한 것은 대중에게 공신력 있는 정보를 체계적이고, 시의적절하게 전달하는 것입니다. 정보 구성 또한 중요합니다. 질병의 위험을 지나치게 강조하거나, 사망자 수, 전염 가능성, 사회 혼란에 대해 과도하게 집중하는 것은 오히려 대중의 현실 인식을 왜곡시켜 더 큰 공포를 확산시킬 수 있습니다.

실제로 2003년 사스 발생 당시, 국내의 종합적인 관련 정보 제공은 대중의 패닉 확산 방지와 예방 행동 증진에 긍정적 역할을 했던 것으로 평가됩니다.[11] 2009년 신종 플루 대유행에 대한 연구 결과도 비슷한 결과를 보여주었습니다. 언론이나 정부의 공식적인 정보나 보도를 신뢰하는 사람일수록 감염병 대처 능력이 높고, 손 위생(hand hygiene) 수칙을 잘 지켰습니다. 반면, 사람들 사이에 오고 가는 대화 같은 비공식적인 정보를 신뢰하는 사람들은 건강에 대한 위협을 더 크게 느끼고, 불안감을 가졌습니다.[12,13]

이러한 결과를 고려했을 때, 정확하고 사실적인 정보를 통해 왜곡되지 않은 현실 인식이 가능하다면 과도한 불안과 공포가 조금 사그라질 수도 있을 것 같습니다.

마음 방역으로 새로운 일상에 적응하기

이렇게 코로나19가 장기화되면서 '마음 방역'이 중요해지고 있습니다. 정답을 알려주지 않을 때는, 현 상황에 동요되지 않고 현실을 수용하며 새로운 일상에 적응하는 것이 문제를 극복하는 지름길입니다.

6

체온 측정,
아무렇게나 하면 더 위험하다?

전 세계가 감염병 위기 상황입니다. 감염의 주요 판단 지표인 '체온'은 어느 때보다 중요하게 여겨지고 있죠. 이전에는 심하게 아프거나 열이 날 때, 병원에 방문했을 때만 체온을 측정했습니다.

지금은 집, 회사, 학교, 도서관, 식당 등 어디를 가도 체온을 잽니다. 측정 결과는 등교, 출근, 야외 활동 여부, 공공장소 입장 여부 등을 결정하는 생활의 기준이 되었습니다. 이제는 일상이 되어버린 체온 측정, 우리는 이에 대해 얼마나 알고 있을까요?

체온의 정상 범위란?

체온 변화는 염증, 세균 감염, 신경계 장애 등으로 몸에 이상이 생겼을 때 나타나는 반응입니다. 우리 몸은 늘 적정한 심부 체온을 유지합니다. 하지만 우리 몸은 세균이나 바이러스가 들어오면 조절 기전이 작동해 스스로 지키려는 반응으로 열을 올리는 화학물질 생산을 촉진합니다. 체내 열을 올려 이상 신호를 알려주는 것입니다. 따라서 체온은 질병을 진단하고 치료하는 데 있어 필수적인 생체 반응 지표로 볼 수 있습니다.

체온의 정상 범위

구강 체온	35.73~37.41℃
겨드랑이 체온	35.01~36.93℃
귀(고막) 체온	35.76~37.52℃
항문 체온	36.32~37.76℃

출처: Geneva II, Cuzzo B, Fazili T, Javaid W (2019). Normal body temperature: a systematic review

많은 사람이 정상 체온 범위를 36℃에서 37℃로 알고 있습니다. 하지만 그 경계가 칼로 자르듯 명확한 것은 아닙니다. 35.5℃라고 해서 저체온증이 아니며, 특정 부위 체온계로 측정했을 때는 37.5℃가 정상일 수 있습니다.

얼마 전 모 고등학교에서는 모의고사 당일, 한 학생이 고열로 귀가 조치 당한 일이 있었습니다. 열이 37.7℃로 측정되었지만, 다행히 감염병이나 감기는 아니었습니다. 몇 시간 후 체온은 정상 범위로

떨어졌는데, 아마도 오전 시험을 치르는 동안 스트레스 수치가 상승해 교감신경계가 활성화되어 체온이 일시적으로 상승한 게 아닌가 싶습니다.

이렇듯 모든 사람에게 정상으로 통용되는 단 하나의 정상 체온 수치는 없습니다. 체온은 격렬한 운동이나 고온의 환경, 스트레스로 인해 변동될 수 있습니다. 하루 중에서도 아침과 저녁의 체온은 다릅니다(아침에 낮고, 이른 저녁에 높음). 여성의 경우 한 달(28일)을 주기로 체온 변화가 나타나는데, 생리 현상에 따른 정상적인 변화입니다. 노인의 경우 젊은 성인보다 약 0.23도 정도 체온이 낮은 것으로 보고된 바 있습니다.[14]

체온 측정 시스템으로 감염병 예측

체온 측정 시에는 중심 체온을 재는 것이 바람직합니다. 체온 조절 중추의 변화가 가장 잘 반영되어 있기 때문입니다. 하지만 전통적으로 체온 측정의 편의성과, 대상자의 불편을 최소화시키기 위해 겨드랑이, 구강 등 말초 부위에서 체온을 측정해 왔습니다.

90년대 들어와서는 중심 체온을 반영한 적외선 귀(고막) 체온계가 개발되었습니다. 덕분에 체온 측정이 한결 쉬워졌습니다. 최근에는 '비접촉'이 특징인 디지털 이마 체온계가 떠올랐는데요. 감염병 대유행 시기에 자주 사용되고 있습니다.

공공시설에 입장할 때 자주 접하는 열화상 감지 카메라는 피부 온도를 측정하는 기기로 체온 측정과는 차이가 있습니다. 피부 온도의 경우 보통 32℃~33℃ 정도를 정상으로 봅니다. 하지만 주위 온도와 상대 습도, 속도 등의 영향을 받을 수 있기 때문에 열화상 감지 카메라에서 이상 소견이 발견되면 다시 체온계로 체온을 측정해서 실제 체온의 변화가 있는지 진위를 확인해야 합니다.

한편 최근 개발 중인 '디지털 비접촉 체온 측정 시스템'은 실시간 체온 측정이 가능합니다. 이를 활용하면 개인 건강 상태를 모니터링할 수 있습니다. 시스템과 연결된 앱을 통해 이상 징후를 감지하고, 알람(경고)도 받을 수 있습니다.

물론 아직은 정확도가 낮고 전송 거리가 짧은 개발 초기 단계이지만, 시스템이 고도화된다면 활용 가능성은 무궁무진합니다. 무엇보다 빠르게 감염병을 예측할 수 있습니다. 지금처럼 체온계로 일시적, 순간적으로 체온을 재고, 이 데이터를 분석하는 방법보다 2주 먼저 예측 가능합니다. 그뿐만 아니라 ZIP 코드(우편번호)를 이용하면 지역별 감염병 발생 예측도 가능합니다.

정확한 체온 측정의 중요성

사실 가장 중요한 것은 체온을 얼마나 정확하게 측정하느냐입니다. 정확한 방법으로 체온을 재는 사람은 불과 37%에 불과합니다.[15] 또, 체온 측정 빈도가 높은 것에 비해 측정 위치, 측정 속도, 측정 방법 등에 관한 교육은 잘 이루어지지 않고 있습니다.

열이 난다고 생각할 때는 반드시 두 번 이상 체크해야 합니다. 급하고 빠르게 체온을 측정해서도 안 됩니다. 고막 체온계의 경우 성인은 귀를 후상방(뒤쪽 위), 영유아는 후하방(뒤쪽 아래)으로 잡아당겨 체온계의 탐침을 끝까지 넣어야 합니다. 이마 체온계나 팔목 체온계의 경우 사용하기 전에 땀을 닦고, 머리카락을 잘 정돈해야 합니다.

체온을 제대로 측정하지 않으면 뒤늦게 질병을 발견할 확률이 높습니다. 그리고 불필요한 격리나 처치 등 심각한 문제가 뒤따를 수 있습니다. 그만큼 측정이 쉬운 체온계를 선택해 본인이나 가족의 체온을 정확한 방법으로 측정하는 것이 중요합니다.

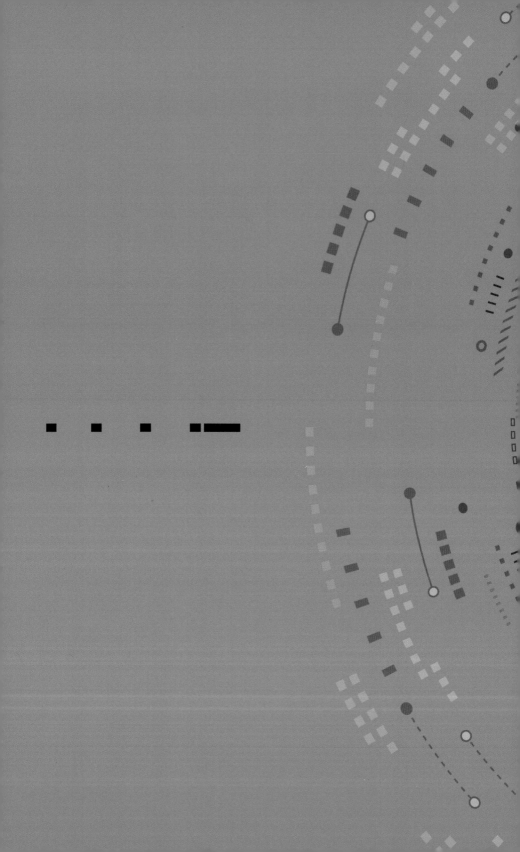

Part 2

기술

1

AI,
시각장애인의 눈이 되다

마트에서 유통기한을 확인하고 식료품을 구입하거나, 정류장에서 도착 예정 버스를 확인하고 탑승하는 일. 누군가에게는 일상이겠지만, 시각장애인들에게는 쉽지 않은 일들입니다. 전 세계 IT 기업들은 기술을 통해 장애인의 삶의 질을 향상시킬 수 있는 방법에 대해 연구하고 있습니다. 그렇다면 장애인을 위한 기술 중 시각장애인의 눈이 되어주고 있는 AI(인공지능) 기술은 어디까지 왔을까요?

시각장애로 인해 겪게 되는 불편함

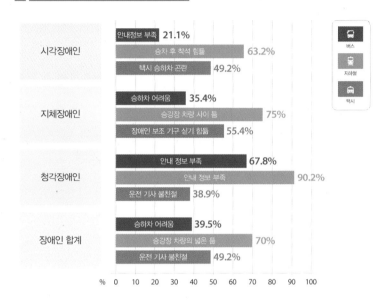

교통수단별 장애인 이용 가능 비율

시각장애인
- 안내정보 부족 21.1%
- 승차 후 착석 힘듦 63.2%
- 택시 승하차 곤란 49.2%

지체장애인
- 승하차 어려움 35.4%
- 승강장 차량 사이 틈 75%
- 장애인 보조 기구 싣기 힘듦 55.4%

청각장애인
- 안내 정보 부족 67.8%
- 안내 정보 부족 90.2%
- 운전 기사 불친절 38.9%

장애인 합계
- 승하차 어려움 39.5%
- 승강장 차량의 넓은 틈 70%
- 운전 기사 불친절 49.2%

% 0 10 20 30 40 50 60 70 80 90 100

버스 / 지하철 / 택시

출차: 서울시정개발연구원(교통약자 이동편의 증진계획)

WHO(세계보건기구)에서 공개한 자료에 따르면, 전 세계 장애인 중 시각장애인은 약 2억 8,500만 명이며, 이들 대부분은 버스나 지하철을 이용하고 식음료점에서 물품을 구입하는 등 일반인과 다름없는 일상생활을 이어가고 있습니다. 하지만 시각장애로 인해 적절한 음향정보가 제공되지 않으면 주변 사람들의 도움 없이 대중교통을 이용하기가 어렵고, 유통기한을 확인하지 못해 상한 음식을 먹고 탈이 나는 경우 등이 자주 발생한다고 합니다.

마이크로소프트의 'Seeing AI'

2017년도에 발표된 마이크로소프트(Microsoft)의 'Seeing AI'는 시각장애인이 일상생활에서 접하는 불편함을 덜기 위해 개발한 스마트폰 앱으로, AI 기술을 기반으로 합니다. 스마트폰에 탑재된 카메라를 통해 인식되는 사물, 사람 및 주변 환경을 AI가 분석해 음성으로 설명해 줍니다. 또한, 문자인식 기능을 통해 직장생활에서 스스로 서류를 검토하거나 작성할 수 있으며, 바코드 안내 및 지폐인식 기능을 통해 쇼핑할 수 있습니다. 그뿐만 아니라 시각장애인이 새로운 장소에 갔을 때 주변 환경을 인식하고, 마주하고 있는 사람의 나이 및 감정 상태를 파악할 수 있어 보다 원만한 사회생활을 하는 데 도움을 줄 수 있다고 합니다.

구글(Google)의 'LookOut'

2018년도에 발표된 구글(Google)의 'LookOut'도 시각장애인을 위해 개발된 스마트폰 앱입니다. AI 기술을 이용해 스마트폰 카메라에 비친 글자, 사물 등을 인식한 후 음성으로 설명해줌으로써, 시각장애인이 일상생활 속에서 사물, 바코드 및 화폐, 도로 표지판 및 서류 등을 타인의 도움 없이 스스로 인식하도록 도와줍니다.

포드(Ford)사의 'Feel The View'

미국의 자동차 회사 포드(Ford)는 시각장애인들이 달리는 자동차 안에서 창밖 풍경의 아름다움을 느낄 수 있도록 창문에 바깥 풍경을 표현한 255가지 강도의 진동을 전송하는 'Feel The View'를 개발하고 있다고 합니다.

SK Telecom AI센터의 T-Brain

국내 SK Telecom의 경우, 자사 AI센터의 T-Brain을 통해 AI를 이용해 사물을 인지할 수 있는 기술을 지속적으로 연구·개발하고 있습니다. 특히, T-Brain의 시각장애인을 위한 AI 기술은 컴퓨터 비전 관련 국제 학회(European Conference on Computer Vision, ECCV)가 주최한 'VizWiz Grand Challenge 2018'에서 준우승을 차지하는 등 세계적으로 기술력을 인정받고 있어 향후 SK Telecom이 시각장애인을 위한 AI 기술 개발을 선도할 수 있을 것으로 기대됩니다. 한편, SK Telecom은 AI 스피커 'NUGU'를 통해 시각장애인이 음성으로 필요한 정보를 검색하고 사물인터넷(IoT) 등으로 연결된 가전제품을 제어할 수 있도록 하는 등 시각장애인들의 일상생활에 도움을 주기 위해 지속적으로 노력하고 있습니다.

이처럼 전 세계 여러 기업이 시각장애인들의 일상생활을 편리하게 하는 것은 물론 정서적 풍요로움을 높이기 위해 AI 기반의 ICT(정보통신기술)을 접목한 다양한 제품과 서비스를 개발 및 연구하고 있습니다.

AI 기술이 나아가야 할 방향

2016년 딥마인드 챌린지 매치에서 AI 알파고가 이세돌 9단을 상대로 승리했을 때, 사람들은 미래의 AI 기술이 가져오게 될 혜택과 그로 인한 부작용 사이에서 많은 생각을 하게 됐습니다. 앞서 살펴본 최신 AI 기술을 기반으로 개발된 시각장애인용 스마트폰 앱 사례는 향후 어떻게 AI 기술을 발전시키고 활용해 나갈지에 대해 생각해 볼 기회가 될 수 있을 것입니다.

2

영화 속 홀로그램 회의는
5G 기술 덕분이다?

가상현실, 증강현실, 원격진료, 스마트 시티, 스마트 오피스 등을 구현하기 위해 가장 필요한 것은 무엇일까요? 바로 5G 기술입니다. 2019년 4월 3일, 한국에서 세계 최초로 5G 서비스가 상용화 되었습니다. 그렇다면 5G는 어떤 특징을 갖고, 우리가 누릴 수 있는 혜택은 어떤 것들이 있을까요?

무선의 한계를 뛰어넘은 5G 기술

5G의 정식 명칭은 'IMT-2020'으로 국제전기통신연합(ITU)에서 정의한 5세대 통신 규약입니다. 국제전기통신연합이 정의한 5G는 최고 다운로드 속도 20Gbps, 최저 다운로드 속도 100Mbps를 기준으로 하고 있습니다. 즉, 5G는 기존 4G(LTE)와 비교해 약 20배

빠른 초고속통신, 10분의 1 수준의 지연시간, 10배 이상 증가한 데이터 처리 용량을 자랑합니다.

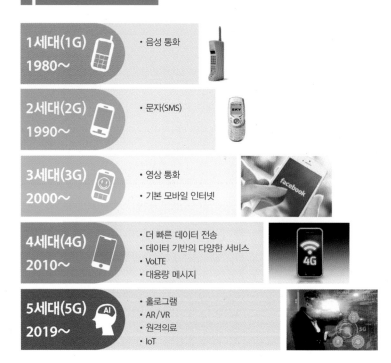

이동통신 기술 변화 과정

1세대(1G) 1980~
• 음성 통화

2세대(2G) 1990~
• 문자(SMS)

3세대(3G) 2000~
• 영상 통화
• 기본 모바일 인터넷

4세대(4G) 2010~
• 더 빠른 데이터 전송
• 데이터 기반의 다양한 서비스
• VoLTE
• 대용량 메시지

5세대(5G) 2019~
• 홀로그램
• AR/VR
• 원격의료
• IoT

물리치료, 꼭 병원으로 갈 필요가 있을까?

5G는 4G(LTE) 대비 약 10배 이상 감소된 짧은 지연시간, 즉 초 저지연성을 갖고 있습니다. 지연시간(latency)은 서버와 이용자 간

데이터를 주고받는 데 걸리는 시간으로, 5G는 초저지연 특성을 통해 실시간으로 데이터를 주고받을 수 있도록 해줍니다. 그리고 이러한 지연시간 단축은 안정적인 원격 진료 및 수술까지 가능하게 합니다.

실례로 미국 콜롬비아 대학(Columbia University) 컴퓨터 그래픽 및 사용자 환경 연구소(Computer Graphics and User Interfaces Laboratory)의 파이너(Steven Feiner) 교수 연구팀은 미국의 통신사 버라이즌(Verizon)의 5G 연구소와 함께 원격 물리치료 플랫폼을 개발하고 있습니다. 연구팀에 따르면 가상현실 장비를 이용해 의사와 환자가 직접 만나지 않더라도 실시간에 가까운 원격 물리치료가 가능하다고 합니다.

영화 '킹스맨'의 홀로그램 회의가 현실로

5G의 또 다른 특징 중 하나인 초연결성은 모든 디지털 기기들이 5G 네트워크에 연결되면서 스마트 오피스, 스마트 팩토리 나아가 스마트 시티를 구현할 수 있는 환경을 만들어줍니다. 최근 삼성전자의 스마트 싱스(SmartThings), LG전자의 씽큐(ThinQ) 등 사물인터넷(IoT) 기술을 이용한 스마트홈은 이미 실현이 되었고, 5G는 스마트홈을 넘어 스마트 오피스, 스마트 시티로 확장해 나가기 위한 중요한 기술적 토대가 되고 있습니다.

또한 국내 SK Telecom의 경우, 5G 스마트 오피스에서 선보인 '리얼 텔레프리즌스'를 통해 가상현실과 증강현실을 융합해 원거리에 있는 온라인상의 회의 참가자들이 한 공간에 모여 회의를 하는 것과 같은 환경을 제공해 주는 기술을 활용하고 있습니다. 영화 '스타워즈'나 '킹스맨'의 홀로그램 회의가 5G 기술을 통해 국내 현실에서도 구현되고 있는 셈입니다. 5G를 통해 누리게 될 혜택이 점점 더 많아질 것은 분명한 사실입니다. 다만, 아직은 5G와 연계되는 기술과 제품, 그리고 서비스의 개발이 동시에 진행되면서 나타나는 부정적 측면도 일부 존재합니다. 하지만 우리 모두 지혜를 모은다면 5G 기술의 지속적인 발전과 새로운 ICT(정보통신기술)가 가져다줄 미래 생활을 기대해 볼 수 있겠습니다.

3

음성 명령이 버튼을 대체하는
5G 시대

"아리아, 비 올 때 듣는 음악 틀어줘~"

"시리, 엄마에게 전화 걸어 줘~"

"헤이 구글, 로봇 청소기 작동 시켜~"

"알렉사, 75237 레고 블럭 주문해 줘~"

이제는 일상생활 속에서 우리의 명령을 친근하게 듣고 수행해 주는 AI(인공지능) 스피커들. 사람이 말로 명령을 내리고, 기계가 업무를 수행하는 이 간단해 보이는 과정은 음성인식 기술 없이는 불가능합니다.

버튼이 사라지고 있다

　최근 아마존은 AI 스피커에 음성으로 명령을 내리면 음식을 데워주는 전자레인지, 음성으로 알람을 맞출 수 있는 벽시계 등을 출시하며 음성 명령을 통한 기기의 종류와 제어 폭을 넓혀가고 있습니다. 이러한 변화는 손가락을 사용해서 버튼을 누르거나 터치를 통해 기계에 명령을 내리던 시대에서 음성으로 명령을 내리는 시대로 변화하고 있다는 것을 의미합니다. 실제 우리는 AI 스피커나 스마트폰을 통해 집안의 전등, 에어컨, TV를 작동시킬 수 있을 뿐만 아니라 외출 시에도 음성 명령을 통해 집안의 보안 및 전자 기기들을 제어할 수 있습니다. 단순한 기기의 제어부터 음성으로 조종하는 드론, 음성으로 그리는 만화까지 음성 명령의 영역이 점차 넓어지고 있습니다.

음성 명령을 통한 기기 제어

음성인식 기술의 발전

음성인식 기술은 컴퓨터가 마이크와 같은 소리 센서를 통해 얻은 신호를 단어나 문장으로 변환시키는 기술입니다. 음성인식 연구는 1952년 미국 AT&T 벨 연구소에서 단일 음성으로 말하는 숫자 시스템 '오드레이(Audrey)'를 개발하면서 시작됐습니다. 이후 1963년 IBM에서 슈박스(Shoebox)라는 영어 단어 인식 장비를 공개했고, 1971년 미 국방성 산하 국방첨단 연구사업국(DARPA)의 음성 이해 연구(Speech Understanding Research) 프로그램을 통해 진일보했습니다.[16]

하지만 음성 데이터를 확보하고 방대한 양의 데이터 처리를 처리할 수 있는 프로세서가 없었기 때문에 음성인식 연구가 일찍 시작됐음에도 불구하고 관련 기술은 2000년대 중반까지도 상용화되지 못했습니다. 하지만 근래 대용량의 데이터 처리가 가능한 고성능 프로세서와 AI와 같은 첨단 ICT(정보통신기술) 기술이 발전하면서 누구(NUGU), 시리(Siri), 빅스비(Bixby), Q보이스 등의 음성인식 및 처리 서비스가 상용화됐습니다. 더불어, 5G의 초연결성을 기반으로 AI 스피커에 연결될 수 있는 사물이 급격히 늘어나면서 음성을 통한 기기의 제어 및 활용이 더욱 편리해졌습니다.

IT 취약계층이 편리하게 사용할 수 있는 음성 명령

음성 명령은 일상적인 편리함도 얻을 수 있지만, 버튼 조작에 어려움을 느낄 수 있는 장애인이나 노년층, 환자들에게 더욱 유용한 기술 분야입니다. 이에 국내 상급병원과 통신사들 간의 협업이 이뤄지고 있습니다. 2020년 완공한 세브란스병원은 SK Telecom과의 협업을 통해 5G의 대표적인 특징인 초연결성을 이용해 병원의 사물을 네트워크로 연결하고 병실 안에 AI 스피커 누구(NUGU)를 설치함으로써 환자가 음성 명령으로 침대, 조명, TV 등을 조작하고 응급 시 호출까지 가능하도록 하는 5G 디지털혁신병원을 추진하고 있습니다. 이러한 변화는 환자의 편리와 안전은 물론 병원의 효율적인 운영을 가능하게 할 것으로 기대됩니다.

음성 명령은 환자뿐만 아니라, 주변기기의 작동이 어려운 노년층과 장애인에게도 다양한 편리함을 제공해 줄 수 있습니다. 앞으로 음성인식 기술이 5G를 비롯한 ICT 기술의 발전으로 세밀한 작업이나 고차원적 업무를 처리할 수 있게 돼, 더 많은 사람에게 다양한 편리함을 제공해주기를 기대해 봅니다.

4

5G 시대의 초연결을 위한 기술, 스몰 셀

네덜란드의 암스테르담 스마트 시티, 한국의 세종 스마트 시티 유지를 위해서는 사물인터넷(IoT)이 원활하게 작동될 수 있는 초연결 환경이 가장 중요합니다. 5G 시대의 핵심 특징인 초연결은 어떻게 이루어지고 있을까요?

스마트 시티 구현을 위한 작지만 큰 역할, 스몰 셀

5G 시대의 3대 특징 중 초연결은 대규모 사물인터넷 환경을 구현할 수 있는 핵심 특징입니다. 5G 시대의 자율 주행, 스마트 시티, 스마트 오피스 운영을 위해서는 사물 간의 연결을 위한 막대한 양의 데이터가 이동할 수밖에 없고, 데이터 트래픽은 피할 수 없는 문제입니다. 이러한 트래픽을 해결하고 있는 기술이 바로 '스몰 셀(small cell)'입니다. 스몰 셀은 일반적으로 수 km의 광대역 커버리지를 지원하는 매크로 셀(macro cell)과는 달리, 낮은 전송 파워와 좁은 커버리지(10m~수백 m 정도)를 갖는 소형 기지국입니다.[17] 스몰 셀 기지국을 설치하면 음영지역이 해소되면서 최대 전송 용량 증대와 단위 면적당 전송 용량 증대가 가능해 데이터 트래픽을 관리할 수 있는 셈입니다.[18] 스몰 셀은 3세대부터 활용되어 왔으나 커버리지, 효율성, 향상된 네트워크 성능 및 용량의 장점으로 최근 5G 서비스를 안정적으로 구현하는 데 큰 역할을 해내고 있습니다.

스몰 셀 역할의 변화

3G	4G	5G
광역 기지국이 수용하지 못하는 음영 지역 해소 용도	핫스팟 지역에서 데이터 트래픽에 대한 오프로드 이용 용도	용량 증대를 위한 기본 이동통신망 구조

출처: 전자통신동향분석(2014)

　5G를 통한 영상 스트리밍, 사물인터넷 등의 대용량 데이터 서비스가 일반화되면서 모바일 데이터 사용량은 폭발적으로 증가할 수밖에 없습니다. 스마트 시티 구현 시 향후 232억 개 이상의 사물들이 연결될 것으로 추정되는데, 매크로 셀만으로 데이터를 감당하기에는 어려움이 있기 때문에 데이터 트래픽을 해소할 방안으로 스몰 셀 기반의 기술이 부각되고 있습니다.[19] 우리가 가볍게 보고 지나

가는 유튜브 동영상의 트래픽조차 전체 모바일 데이터 트래픽의 약 10%를 차지할 정도로 많은 양을 차지하고 있습니다. 더 많은 데이터 이동이 요구되는 스마트 시티 운영을 위해 '스몰 셀'이라는 작지만 강력한 기술이 뒷받침되지 않으면 데이터 트래픽을 효율적으로 관리하기 어려울 것입니다.

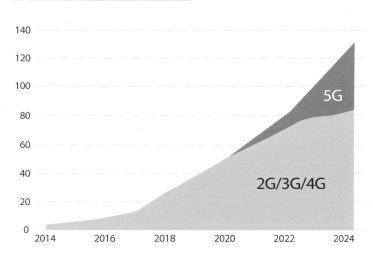

전 세계 모바일 데이터 트래픽 예상

출처: Ericsson Mobility Report (2019)

스마트 시티는 협업을 통해 이루어진다

특히 스마트 시티, 스마트 오피스의 경우 대형 기지국의 전파가 효율적으로 도달하지 않는 건물 내부에서 안정적인 통신 서비스를 위한 해결 방법으로 스몰 셀이 대안으로 떠오르면서 국내외 기업들의 스몰 셀을 활용한 협업이 활발하게 이루어지고 있습니다. SK Telecom은 국내 이동통신사 최초로 5G 스몰 셀 기지국 개발을 착수한 결과, 최근 국내 중소기업 'SOLiD'와의 협업을 통해 개발한 '5G 인빌딩 솔루션 상용화 기술'이 스몰 셀 어워드를 수상하여 긍정적인 성과를 보여주고 있습니다. SK Telecom뿐 아니라 KT는 에릭슨과 함께 '5G 스몰 셀 솔루션 상용화하고, LG U+는 캐나다 아이비웨이브(iBwave)와 함께 5G 인빌딩 설계하는 등 실내에서도 완벽한 5G를 이용할 수 있는 환경을 기업과 국경을 초월하여 만들어나가는 모습을 볼 수 있습니다.

5G 서비스를 통해 소비자가 느끼는 편의성과 혜택의 크기가 크기 때문에 5G 기술이 갖고 있는 기술도 원대해 보입니다. 하지만 우리가 누리고 있는 5G의 혜택은 작은 부분을 놓치지 않고 기술 개발에 총력을 기울이는 중소기업들과 시장을 주도하고 있는 대기업들의 협업을 통해 가능한 것입니다. 초연결 시대이니만큼 하나의 기업이 모든 기술과 서비스를 제공할 수는 없습니다. 현재 이루어지고 있는 기업들의 협업은 5G 서비스 품질에 대한 소비자들의 우려를 낮출 뿐 아니라 앞으로의 5G 생태계가 긍정적으로 형성될 수 있는 가능성을 시사합니다. 그리고 이를 통해 우리가 누릴 수 있는 ICT(정보통신기술)를 통한 삶의 질 또한 높아질 것으로 기대해 봅니다.

5

VR 체험의 확대,
게임을 넘어 심리 치료까지 가능

VR(가상현실) 하면 게임이나 수중 체험, 서커스 관람 등이 먼저 떠오르지 않나요? 현재 VR은 엔터테인먼트를 넘어 고소공포증 치료, 통증 완화 같은 의료 분야까지 활용되고 있습니다. 그래서 VR은 5G 시대에 더욱 기대되는 분야이기도 합니다.

가상 관광 카메라에서 삼성 갤럭시 VR 기어까지 걸린 시간, 80년

가상 현실은 사실 오래전부터 구현되어 현재에 이르렀습니다. 바로 가상 관광 카메라입니다. 유명 관광지 사진이 입체로 보이는 카메라 모양의 장난감으로 유명 관광지를 둘러본 경험이 한번쯤 있지 않으신가요? 1939년 특허를 받은 view master stereoscope는 가상 현실의 출발이라고 할 수 있습니다. 현재 사용하고 있는 가상 현실(virtual reality) 용어는 1987년 비주얼 프로그래밍 랩(visual programming lab)의 설립자 제론 레니어(Jaron Lanier)가 고안하여, 가상 현실 기어(virtual reality gear)인 DataGlove, EyePhone 등을 처음 개발하고 판매하면서 사용되기 시작했습니다. 이후 VR 기기는 SEGA (1993), Nintendo Virtual Boy (1995)등에서 게임용 콘솔로 사용되었고 현재 구글 카드보드, 삼성 갤럭시 기어에 이르렀습니다.[20]

VR 기기의 역사

| Stereoscopic photos 1939 | EyePhone 1987 | SEGA 1993 | Nintendo Virtual Boy 1995 | Google Cardboard 2016 | Galaxy Gear 2019 |

VR을 통한 심리 치료

최근 VR 기기의 대중화와 함께 스마트폰, 5G를 통해 더욱 실감나게 구현할 수 있게 된 가상 현실은 엔터테인먼트를 넘어 치료까지 활용되고 있습니다. 공포 치료, 불안, 우울 치료 등 심리 치료뿐 아니라[21] 통증 관리, 재활 등에 VR이 활용되어 효과를 보이고 있습니다.

영국 옥스퍼드대학의 정신의학과 연구진은 고소공포증 환자 100명을 무작위로 두 그룹으로 나눈 후, VR 프로그램을 통해 치료한 그룹과 대조 그룹을 비교하였습니다. 실험 결과는 놀랍게도 VR 심리 프로그램 치료를 받은 그룹의 51% 환자가 고소공포증이 경감되어 치료의 효과를 입증했습니다.[22] 삼성전자 역시 삼성 기어 VR을 이용하여 'Be Fearless' 캠페인을 통해 고소공포증, 대중연설 공포증을 느끼는 사람들을 대상으로 VR 콘텐츠를 구현하고, 지속적으로 노출하는 치료 과정을 통해 공포감이 줄어든 결과를 보여주면서 앞으로 VR 심리 치료의 긍정적인 가능성을 확인했습니다.

삶의 질을 높일 수 있는 VR, 바른 사용 방법은?

과거 VR 이용이 게임과 같은 엔터테인먼트 콘텐츠에 제한되어 있었다면, 최근에는 치료를 위한 VR, 면접 준비를 위한 VR(면접의 신 VR), 음주운전 예방 VR 등 VR의 특징을 활용한 다양한 콘텐츠

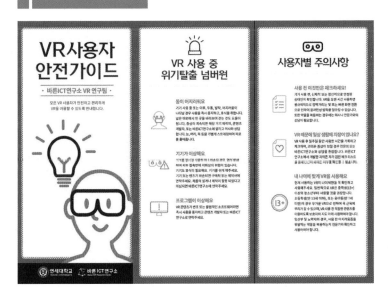

VR 사용자 안전가이드

를 접할 수 있습니다. 앞으로 VR을 통해 누릴 수 있는 콘텐츠가 많아질수록 이를 통한 소비자들의 삶의 질 또한 높아질 것으로 기대됩니다. 하지만 앞선 VR을 통한 고소공포증 치료나 심리 치료 등의 콘텐츠는 전문가와 함께 사용해야 한다는 점을 상기해볼 때, VR의 바른 사용 방법이 무엇보다 중요한 과제입니다. 활용 분야가 무궁무진한 VR! VR 콘텐츠 사용 시 적어도 VR 사용자 안전가이드를 지키면서 사용한다면 VR 사용으로 인한 부작용은 줄이면서 안전하고 즐거운 VR 콘텐츠를 즐길 수 있을 것입니다.

BARUN ICT RESEARCH CENTER
FOR HUMAN-CENTERED ICT SOCIETY

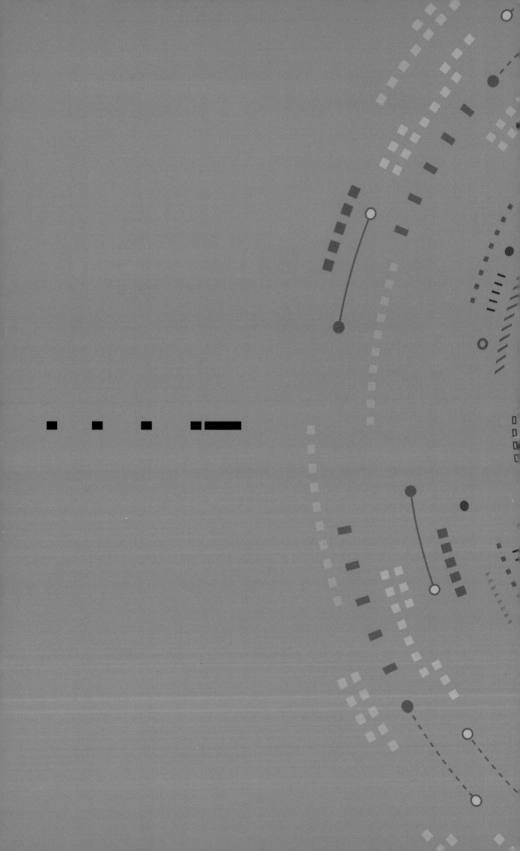

Part 3

생활

1

내 아이의 사생활,
내가 침해하고 있다?

지난(2019년) 3월 영국 일간지 가디언의 보도에 따르면, 할리우드 여배우 기네스 펠트로가 자신의 소셜 미디어에 딸과 함께 찍은 사진을 올린 일로 곤욕을 겪었다고 합니다. 사진 속 딸의 얼굴은 고글로 반 이상 가려져 있었지만, 본인의 동의 없이 자신의 사진을 엄마 마음대로 소셜 미디어에 올린 것에 대해 댓글로 항의를 한 것입니다. 부모가 가벼운 마음으로 올린 사진에 자녀가 너무 심각하게 반응한다고 여길 수 있지만, 다양한 유형의 사람들과 위험이 상존하는 인터넷 환경을 생각해 보면 결코 가벼운 문제가 아닐 수 있습니다.

소셜 미디어에 나의 얼굴이 드러난 사진이 나도 모르게 올려져 있다면? 나의 지극히 개인적이고, 심지어 공개되면 심각한 사생활 침해를 가져올 수 있는 모습들(샤워, 배변, 아파서 누워있는 모습 등)이 나의 동의 없이 소셜 미디어에서 공유되고 있다면 어떤 기분이 들까요? 내 사진을 동의 없이 소셜 미디어에 올린 제3자를 당장 고소하려고 할 것입니다. 그런데 만약 이 사진들이 부모인 내가 자녀들과 함께 찍은 사진이고, 다만 자녀의 동의를 구하지 않고 올린 것뿐이라면 고소는 조금 심한 것이 아닐까 하고 생각할 수 있습니다.

실제로 많은 부모가 자녀들의 귀엽고 앙증맞은 모습들을 오래도록 기억하기 위해, 또는 주위 사람들과 공유하기 위해 자녀의 동의를 구하지 않고 소셜 미디어에 올리고 있습니다. 실제로 인스타그램이나 페이스북에서 육아 관련 해시태그를 살펴보면 #목욕시간 #아기배변훈련과 같은 육아와 관련된 항목들을 쉽게 찾아볼 수 있습니다. 부모가 가벼운 마음으로 소셜 미디어에 공유한 사진에는 아이들의 일상적인 모습뿐 아니라, 배변 훈련, 목욕, 아이의 동선을 알 수 있는 유치원 이름 등이 함께 나와 있는 경우도 많습니다. 아마 이러한 종류의 사진이 문제가 되리라고 생각하는 부모들은 많지 않을 겁니다.

하지만 개인정보보호 관점에서 개인정보처리자(부모)가 정보주체(자녀)의 개인정보를 당사자의 동의 없이 유출했기 때문에 상기 사례들은 개인정부 침해가 될 소지가 있습니다. 실제 2016년 오스트리아(당시 18세)와 캐나다(당시 13세)의 어린 자녀들이 자신들의 유아 시절 사진을 소셜 미디어에 올린 부모를 고소한 사건이 있었으며, 프랑스에서는 부모가 동의 없이 자녀의 사진을 온라인에 올릴 경우 최대 1년의 징역형 혹은 벌금형에 처할 수 있다고 합니다.

대한민국 헌법에서는 국민 개개인이 자신의 개인정보를 스스로 통제할 권리를 명시하고 있습니다. 개인정보란 살아있는 개인에 관한 정보로서 성명, 주민등록번호 및 영상 등을 통해 개인을 식별할 수 있는 정보를 의미합니다.

온라인에 공유하면 안 되는 사진 유형

(당신의 의도와 다른 목적으로 사용될 수 있습니다)

1. 목욕 사진(불법 사이트에 악용 및 도용될 수 있음)

2. 아프거나 다친 사진(민감한 의료 정보가 포함되어 있음)

3. 부끄러운 모습의 사진(아이가 성인이 된 후 아이의 평판에 영향을 미칠 수 있음)

4. 배변(훈련) 사진(불법 사이트에 악용 및 도용될 수 있음)

5. 개인정보가 포함된 사진(이름, 주소, 유치원 이름, 이동 장소 등 개인정보 노출의 위험)

6. 아이가 포함된 단체 사진(다른 아이들의 사진 공개에 대한 부모 동의가 없기 때문)

7. 아이의 약점, 별명 등이 노출된 사진
(학교 내에서 놀림감이 될 수도 있고, 성인이 된 후에도 아이의 평판에 영향을 미칠 수 있음)

8. 안전하지 않은 활동(비판의 대상이 되거나 놀림감이 될 수 있음)

출처: https://www.parenting.com/toddler/why-you-shouldnt-post-these-8-photos-your-kids-social-media/

내가 노출되는 것이나 다름없는 개인정보 유출. 아이의 사진은 내 것이 아니라 아이의 개인정보라는 사실을 인지하는 것만으로도 내 아이의 사생활을 효과적으로 보호할 수 있습니다. 그렇다면 부모로서 내 자녀의 사생활을 온라인상에서 어떻게 보호해야 할까요? 원칙적으로 아이의 사생활과 밀접하게 관련된 사진은 개인적으로 보관해 당사자가 미래에 당황하거나 해를 입지 않도록 해야 합니다. 그래도 사진을 공유하고 싶다면, 의사소통이 가능한 연령의 경우 자녀의 동의를 구하는 것이 중요합니다. 하지만 영유아의 경우 동의를 구하기 위한 의사소통이 사실 어렵습니다. 이런 경우에는 적어도 온라인에 공유하면 안되는 8가지 유형의 사진은 온라인상에서 공유하지 않는 것이 아이의 사생활을 지켜줄 수 있는 현명한 접근법이 될 수 있습니다.

2

블랙 프라이데이에
안전하게 해외 직구하는 법

미국의 블랙 프라이데이는 1년 중 가장 큰 폭의 세일이 진행되는 시기입니다. 인터넷을 통한 해외 직구가 보편적인 소비 형태로 자리매김하면서, 이제 블랙 프라이데이는 세계 곳곳에서 가성비 혜택을 즐기는 직구족의 쇼핑 축제로 자리 잡았습니다.

쇼핑의 지형을 바꾸는 해외 직구

해외 직구는 세계적인 트렌드입니다. 의류, 건강식품, 화장품, 전자제품에 이르기까지 거래 품목 또한 다양합니다. 통계청에서 발표한 『2019년 9월 온라인쇼핑 동향』 자료에 따르면 대륙별로 살펴본 해외 직접 구매액은 미국이 4,119억 원으로 가장 컸으며, EU가 1,947억 원, 중국이 1,583억 원으로 나타났습니다. 한편 해외 직접 판매액은

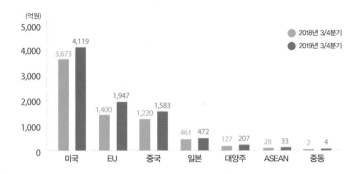

국가(대륙)별 온라인 해외 직접 구매액

(억원)

● 2018년 3/4분기
● 2019년 3/4분기

출처: 2019년 9월 온라인쇼핑 동향 (통계청, 2019)

중국이 1조 3,157억 원으로 중국이 전체의 86.8%를 차지하는 것으로 나타났습니다.[23]

거래 증가와 함께 피해 사례 증가

한국에서도 해외 직접 거래, 국제 거래 대행 서비스, 현지 직접 거래 등 해외 구매가 증가하고 있습니다. 그리고 해외 거래 이용자가 증가한 만큼 보고된 피해 사례도 증가 추세입니다. 한국소비자원의 『2018년도 국제소비자상담 동향분석』에 따르면 2018년 국제거래 소비자 상담은 22,169건이며, 온라인 국제거래 상담이 97.9%를 차지하는 것으로 나타났습니다. 불만 사유는 취소, 환불, 교환 지연 및 거부가 40.4%로 가장 큰 비중으로 나타났고, 배송 지연 등 계약 불이행이 18.5%였습니다.[24]

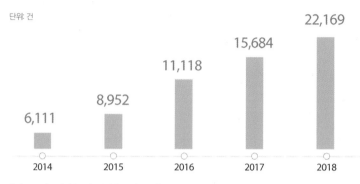

최근 5년간 국제소비자상담 접수 추이

단위: 건

6,111
2014

8,952
2015

11,118
2016

15,684
2017

22,169
2018

출처: 2018년 국제거래 국제소비자상담 동향 분석(한국소비자원, 2019)

가짜 사이트 판별 알고리즘

해외 직구가 문제가 되는 이유는 피해 구제가 어렵다는 점입니다. 따라서 현명한 소비자라면 해외 직구, 배송 대행 등을 이용할 때 구매 전 신뢰할 수 있는 사이트인지 먼저 확인하는 것이 필수입니다. 특히 해당 사이트에 상품평이나 정보가 없다면 가짜 사이트를 판별해주는 알고리즘으로 사이트의 신뢰도를 제시하는 웹사이트를 이용할 수 있습니다.

예를 들면, 스캠어드바이저(Scamadviser.com)는 신뢰도를 확인하고 싶은 사이트의 URL을 입력하면 상품평과 서버 위치, 사이트 소유주, 운영 기간 등 여러 가지 정보를 조합해 사이트의 신뢰도를 제시합니다.[25] 서버가 중국에 있거나, 사이트 운영 기간이 한 달이 채 되지 않은 사이트는 의심해봐야 합니다. 물론 가짜 사이트임을 판별하는 알고리즘을 100% 신뢰할 수 없다고 명시되어 있지만, 사이트를 이용할지 의사 결정 하는 데 도움을 받을 수 있습니다.

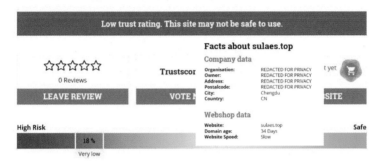

출처: Scamadviser

해외 직구, 함정에 빠졌다면?

사기 사이트는 인스타그램이나 페이스북 등 친숙하게 느껴지는 SNS를 통해 소비자를 유인해 직구에 익숙한 소비자라 할지라도 찰나에 속는 경우가 발생하는 만큼 각별한 주의가 필요합니다. 또한 검색엔진에서 상위에 노출되었다고 해서 믿을 수 있는 사이트라는 인식을 지워야 합니다. 한국소비자원에서는 해외 직구 피해를 최소화하기 위해 국제거래 소비자 포털을 운영하고 있습니다. 사기 의심 사이트 리스트, 피해 예방 정보 등을 확인할 수 있으며, 피해 시 상담 신청을 할 수 있습니다. 또한, 해외 거래 이용 시 거래와 관련된 입증 서류 모아두기, 차지백(chargeback) 서비스로 거래 금액을 환불받을 수 있도록 신용카드 이용하기 등을 권고하고 있습니다.

해외에서 살 수 있는 물건을 집에서 클릭 한 번으로 쇼핑할 수 있는 세상, ICT(정보통신기술)가 주는 혜택임에는 분명합니다. 하지만 충분한 혜택을 누리기 위해서는 믿을 수 있는 사이트인지 의구심을 갖고, 배송이나 환불 등 유의사항에 대해 꼼꼼하게 살펴 지혜롭게 판단할 줄 아는 능력이 전제되어야 할 것입니다.

3

코로나19 대응에 활용되는
AI, 빅데이터, 클라우드, 5G

잠시 주춤했던 코로나19 확진자 수가 기하급수적으로 증가하면서 지난 2월 23일 정부는 코로나19 대응 위기 경보를 최고 등급인 '심각'으로 격상했습니다. 코로나19는 1월 20일 국내 첫 확진자가 발생한 이후 사태가 장기화되면서 우리의 일상에 많은 영향을 미치고 있습니다. 코로나19를 예방하기 위해 마스크 쓰기, 손 씻기, 기침 예절 등의 노력을 강조하는 한편 2차 감염을 차단하기 위해 AI(인공지능), 빅데이터, 클라우드, 5G가 코로나19 대응에 활용되고 있습니다.

확진자 빅데이터를 활용한 민간 서비스의 등장
2015년 메르스 사태 당시 감염자가 다녀간 병원이 공개되지 않아 불안감이 커졌을 때, 민간에서 만든 메르스 확산 지도가 국민들의 알 권리를 충족 시켜 줬습니다. 그리고 이번 코로나19가 발병하면서는 더욱 신속하게 관련 앱과 웹 서비스가 등장했습니다. '코로나100m', '코로나맵', '코로나닥터', '코노나팩트', '안전디딤돌'이 대표적입니다. 이와 같은 앱이 주로 활용하는 확진자 정보는 질병관리본부에서 발표하는 데이터입니다. 확진자의 신용카드 기록, CCTV, 모바일 위치 정보, 대중교통 카드 기록 등 빅데이터를 활용해 이동 경로를 확인하고 관련 정보를 홈페이지에 공개하고 있기 때문입니다.

통신사 기지국 활용해 위치 기반으로 전송되는 긴급재난문자

이외에도 긴급재난문자를 통해 코로나19 정보가 제공되기도 합니다. 긴급재난문자는 기지국 기반으로 반경 내 지역에 있는 모든 휴대전화 가입자에게 자동으로 발송되는 체계로, 지난해 9월 재난문자방송 송출 권한이 기초단체(시 · 군 · 구)로 확대되었습니다.[26]

현재는 감염병과 관련한 긴급재난문자 송출에 대한 가이드라인이 없어 지자체에 따라 제공하는 정보에서 차이가 나고 있습니다. 긴급재난문자는 재난을 대비하고 예방할 수 있는 중요한 정보원인 만큼 모든 국민이 일관된 정보를 제공받을 수 있어야 하며, 홈페이지나 앱 활용이 어려운 고령층에게도 시의적절하게 정보가 제공될 수 있도록 긴급재난문자 송출에 대한 가이드라인을 만들어야 할 것입니다.

2차 감염 최소화를 위한 원격진료

앱에서 표시되는 코로나 감염 현황

截至2月25日09时20分数据　　　　　　　　　查看疫情实时报道 ＞

确诊	疑似	死亡	治愈
77779	**2824**	**2666**	**27354**
+517	+530	+71	+2597

要闻汇总　　实时数据　　防疫科普　　甄别辟谣　　驰援捐助

线上授课　　同程查询　　小区情况　　疫情日记　　患者求助

출처: Sina.com

　　정부는 지난 2월 21일 환자의 의료기관 방문으로 인한 감염 확산을 차단하기 위해 한시적으로 전화 상담만으로도 약을 처방받을 수 있도록 했습니다. '한시적'이란 표현에서 알 수 있는 것처럼 국내에서 원격진료는 의료법상 불법입니다. 국내 실정과 달리 미국, 일본, 중국 등의 나라에서는 원격진료가 이루어지고 있으며, 최근 중국은 코로나19 대응을 위해 스마트 의료기술을 적극적으로 활용하고 있습니다.[27] 중국은 알리바바의 헬스케어 플랫폼 '알리헬스'를 통해 무료로 원격 진료 서비스를 제공하며, 차이나텔레콤도 5G 기술을 기반으로 1000km 이상 떨어진 곳에 있는 의료진이 선명한 화질로 의료진 간 화상회의를 할 수 있는 서비스를 제공하고 있습니다. 이외에도 중국은 드론을 활용하여 순찰, 열 감지, 살균제 살포를 하

거나 격리된 지역에 마스크와 생필품, 상비약 등을 전달한다고 합니다.[28]

의료현장에 도입되는 5G, AI

우리나라에서도 AI, 5G 등 최신 ICT(정보통신기술) 기술을 병원에 도입하기 위한 움직임이 있습니다. 연세의료원은 통신사와 함께 신축병원을 시작으로 5G망을 활용하여 병원 업무와 환자 편의성을 높이는 것을 목표로 하고 있습니다. 병실 안에 설치된 '누구(NUGU)' AI 스피커를 통해 음성 명령만으로 침대나 조명, TV 등 실내 기기를 조작하거나 위급 상황 시 간호스테이션과 연락을 취할 수 있습니다. 이외에도 홀로그램을 통해 병문안을 하거나 AR(증강현실)을 활용한 병원 내 길 안내를 계획하고 있습니다.

원격근무 지원하는 IT 솔루션

일부 기업에서는 임직원들이 코로나 바이러스에 노출될 가능성을 최소화하고자 회의를 지양하고 재택근무를 허용하는 움직임이 나타나고 있습니다. 재택·원격근무에 소극적이던 국내 기업이 재택·원격근무에 돌입하는 것은 이례적인 일입니다. 우리나라가 유무선 초고속 인터넷, 클라우드 등 IT 인프라가 우수한 만큼 클라우드, 메신저, 원격 접속, 원격 회의, 협업 관리 도구 등 IT 솔루션 활용을 통해 출퇴근 중 혹은 사업장 내 코로나19 감염을 막고 나아가 기업 경쟁력을 향상시키는 기회로 전환되기를 기대합니다.

원격근무, 화상회의, 제한적 원격진료 등은 현존하는 기술입니다. 인프라와 이용능력은 갖췄지만, 사회문화적 영향이나 제도적 제약으로 활용하지 않는다면 ICT가 만들어 낼 수 있는 국민이 누릴 수 있는 혜택이나 사회적 가치가 축소될 뿐 아니라 세계시장에서 도태될 수 있습니다.

앞서 이야기한 예시들은 우리의 일상생활방식이 아니기 때문에 시행착오와 크고 작은 갈등이 나타날 수 있습니다. 하지만 확진자와 자가격리자 그리고 이들의 가족, 의료진, 방역팀, 검체팀, 자영업자 등 모두가 힘든 시기를 버텨내고 있고, 코로나19 상황이 끝나길 바라는 마음은 하나일 것입니다. 온라인 공간에서 갈등의 양상을 부추기기보다는 문제 제기와 대안 제시, 응원 메시지를 통해 모두 다 함께 난제를 극복해야 합니다.

4

슬기로운 온라인 소비 생활,
쓰레기 처리까지 생각하기

코로나19 사태가 장기화되고 있습니다. 이제 우리는 생활 속 방역을 지키는 수준에서 나름의 생활 방식을 찾아가고 있습니다. 특히 생활 방식 중 소비 생활 부문이 크게 변했는데, 마트 쇼핑은 줄고 PC나 모바일을 통한 온라인 쇼핑이 늘었습니다. 코로나 시기에 활성화된 온라인 쇼핑은 사재기 불안을 잠재울 만큼 제 역할을 톡톡히 해내며, 코로나19에 대한 슬기로운 대처가 아닐 수 없습니다.

그런데 우리는 온라인 쇼핑으로 발생한 쓰레기까지 잘 처리하고 있을까요? 쌓여가는 쓰레기 산은 또 다른 환경 문제를 걱정할 정도로 늘고 있습니다. 이제는 ICT(정보통신기술)를 활용해 쓰레기를 슬기롭게 처리할 방법 또한 찾을 때입니다.

비대면의 생활화, 선호되는 온라인 쇼핑

온라인 거래액 전년 동월 대비 증가율 비교

2019.4 VS. 2020.4 (단위: %)

■ 2018.4~2019.4
□ 2019.4~2020.4

출처: 온라인쇼핑동향조사(통계청, 2020)

PC나 모바일로 간편하게 쇼핑하는 소비자가 늘면서 온라인 거래액의 규모[29]는 어마어마해졌습니다. 2018년~2019년 전년 동월 대비 증가율과 2019년~2020년 전년 동월 대비 증가율이 크게 차이 나는 주요 품목을 비교해 봤습니다. 먼저 컴퓨터 및 주변기기의 거래액이 증가한 모습을 볼 수 있습니다. 2019년 4월에는 전년 동월 대비 14.2% 증가했지만, 2020년 4월에는 전년 동월 대비 38.2%나 늘었습니다. 학생들의 온라인 강의 수강과 직장인들의 재택근무가 영향을 준 것으로 보입니다.

식재료, 생활용품 항목도 눈에 띕니다. 2020년 4월, 음·식료품은 43.1% 증가했습니다. 생활용품은 36.1% 증가했습니다. 농축수산물은 무려 72.3%나 급증했습니다. 사회적 거리 두기를 위해 마트 쇼핑 등을 최대한 자제하고 온라인 쇼핑을 실천한 결과로 볼 수 있습니다. 특기할 만한 품목은 서적입니다. 2019년 4월에는 3.2%였지만, 2020년 4월에는 38.6%로 치솟았습니다. 이 수치는 혼자 책을 읽으며 시간을 보내려는 우리의 현재 모습을 잘 보여주고 있습니다.

온라인 쇼핑 후 쌓이는 포장재

위드 코로나 시대에서 온라인 쇼핑은 살아남기 위해 필요한 활동입니다. 하지만 상품이 불필요한 포장으로 둘러싸여 배달되면서 상자, 방충제 비닐, 상품 포장재, 일회용 음식 포장재 등 개봉하다 보면 내용물보다 이를 둘러싼 쓰레기가 더 많다는 사실을 깨닫게 됩니다. 늘어나는 쇼핑만큼 쓰레기도 늘어나 코로나19 이후 포장재 발생 증감률을 살펴보면 그 수치가 상당합니다. 2020년 1분기에는 전년 동기 대비 폐플라스틱 20%, 폐지 15%, 폐비닐 8%로 포장 폐기물이 급증했습니다.[30]

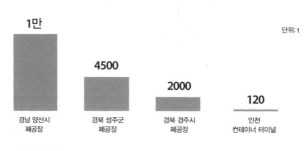

올해 2월~5월에 새로 확인된 쓰레기 산(불법 폐기물 더미)

단위: t

1만	4500	2000	120
경남 양산시 폐공장	경북 성주군 폐공장	경북 경주시 폐공장	인천 컨테이너 터미널

출처: 환경부(2020)

우리가 버린 쓰레기는 어디로 갈까요? 가장 이상적인 방법은 재활용품은 수거되어 다시 활용되고, 재활용이 불가능한 생활 쓰레기는 쓰레기 처리장에서 정상적인 방법을 통해 처리되는 것입니다. 하지만 최근 불법 폐기물 더미가 쌓인 쓰레기 산이 4곳이나 새로 발견되면서 쓰레기가 처리가 제대로 되지 않고 있다는 사실이 확인되었습니다.

불법 쓰레기 산을 이루는 대부분은 일회용품 등의 폐합성수지였습니다. 코로나19 이후, 일회용품 사용이 늘어난 여파로 폐플라스틱 가격이 크게 떨어진 탓에 수익성이 떨어져 처치가 곤란해지자 누군가 소각 비용을 피하고자 불법 투기를 한 것입니다.

언택트 시대, 온라인 쇼핑 후 쓰레기 처리까지 슬기롭게!

온라인 쇼핑으로 새로 구매한 제품만큼 쓰다 버리는 제품도 많을 것입니다. 제품을 처분하는 방법으로는 '사용하지 않고 보관하기, 영구적으로 처분하거나 버리기, 다른 사람에게 주거나 교환하거나 판매하기' 등이 있습니다.[31][32] 대부분은 가장 쉬운 방법인 '버리기'를 택하지만 쌓여가는 쓰레기 산을 보면 '가장 쉬운 방법이 가장 좋은 방법은 아니다'라는 생각이 듭니다.

ICT를 통해 온라인 소비의 편리를 누렸듯, ICT로 쓰레기를 현명하게 처리하는 방법도 있습니다. 최근에는 분리수거를 제대로 하면 포인트를 지급해 주는 앱, 대형 폐기물을 간편하게 신고하고 배출할 수 있게 해주는 앱, 품목별 쓰레기 분리·배출법을 알려주는 앱 등 분리수거를 돕는 앱이 많이 출시됐습니다. 스스로 하기 힘들다면 이런 앱을 활용하는 것도 좋은 방법입니다. 쓰레기를 버릴 때, 우리가 자발적으로 조금 더 신경 쓴다면 재활용 할 기회는 많아질 것입니다.

코로나19로 인해 늘어난 쓰레기는 비단 우리나라만의 문제가 아닙니다. 전 세계 곳곳에서 사람들이 버린 쓰레기를 지구의 숨구멍이자 야생동물의 서식지인 산과 들에 쏟아붓고 있습니다. 녹지와 야생동물의 서식지를 인간이 자꾸 침범할 때, 어떤 위험이 들이닥칠지 모릅니다. 서식지를 잃은 야생동물이 인간과 접촉하면서 발생하는 신종 감염병, 새로운 팬데믹이 발생할 수도 있습니다. 이러한 아찔한 상황에 대비하기 위해서는 지금부터라도 쓰레기 처리에 대해 고민해 보아야 합니다.

우리는 쓰레기를 버릴 때 '쉽게 버리는 것은 가장 좋은 방법이 아니다'라는 생각을 가져야 합니다. 지구를 위해서도, 나 자신을 위해서도 이제는 소비를 넘어 쓰레기 처리까지 슬기롭게 대처해 나가야 할 때입니다.

5

위드 코로나 시대,
생활 속 거리 두기와 일상의 변화

미세먼지 가득할 때만 꺼내던 마스크, 이제는 안 쓴 모습이 더 어색하게 느껴집니다. 코로나19는 여전히 소규모 산발적인 확산과 완화를 반복하고 있습니다. 이에 맞춰 우리나라는 '생활 속 거리 두기'를 시행 중입니다. '생활 속 거리 두기'란 일상생활과 경제 · 사회 활동을 유지하면서 감염 예방 활동을 이어나가는 방역 체계를 말합니다. 지난 5월 6일 첫 시행 이후 3개월의 변화를 살펴봤습니다. 우리 일상은 어떻게 바뀌었을까요?

주거 공간의 확장

재택근무, 원격 수업이 시행되면서 '잠자는 공간'인 집은 '일하는 공간', '공부하는 공간'으로 확장되었습니다. 나아가 쇼핑하는 공간,

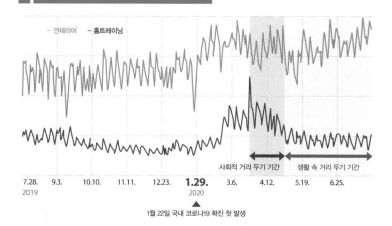

인테리어 & 홈 트레이닝 검색어 트렌드°

― 인테리어 **― 홈트레이닝**

사회적 거리 두기 기간　생활 속 거리 두기 기간

7.28.　9.3.　10.10.　11.11.　12.23.　**1.29.**　3.6.　4.12.　5.19.　6.25.
2019　　　　　　　　　　　　　　　2020

▲
1월 22일 국내 코로나19 확진 첫 발생

출처: Naver DataLab 2019.0728~2020.07.28

홈 트레이닝 등 취미 생활 공간의 역할도 하고 있습니다.

　인테리어에 대한 관심은 2019년부터 꾸준히 상승세였고, 코로나19 이후 집에 머무는 시간이 늘면서 사람들의 관심은 더욱 높아졌습니다. 포털 검색 빈도를 살펴보면, 국내 코로나19 첫 확진자 발생 이후 검색량이 가파르게 증가했습니다.[33] 또한, 사회적 거리 두기 기간 동안 실내 스포츠 시설을 이용하지 못하게 되면서 홈 트레이닝에 대한 관심도 큰 폭으로 상승했음을 알 수 있습니다.

---

a 네이버에서 검색된 횟수를 일/주/월별 합산하고 조회 기간 내 최대 검색량을 100으로 설정해 상대적인 변화를 나타냄

한편, 집에 머무는 시간이 현재처럼 유지된다면 인테리어뿐 아니라 집의 구조나 위치 선정, 지역 상권, 회사의 업무 공간 등에도 영향을 줄 것으로 예상됩니다.

새롭게 떠오른 트렌드, 프롭테크

코로나19 상황에서는 외출을 자제하는 것이 좋지만, 불가피한 상황이 있습니다. 그중 하나가 이사입니다. 특히 집을 알아볼 때는 발품을 팔 수밖에 없습니다. 건설사도 분양을 마냥 미룰 수 없는 상황입니다.

이런 니즈에서 떠오른 것이 프롭테크(proptech)입니다. 프롭테크는 부동산 자산(property)과 기술(technology)의 합성어로 부동산 산업에 ICT(정보통신기술)를 더한 것을 말합니다. AI(인공지능) 기술을 활용한 프롭테크는 부동산 시세 분석, 상권 분석, 부동산 정보 제공 등을 예로 들 수 있습니다.

이외에 VR(가상현실)을 통해 직접 가지 않고 공간을 체험하는 기술, 블록체인 전자거래로 계약위조나 변조를 방지하는 기술도 프롭테크에 해당합니다. 프롭테크는 사물인터넷(IoT)과 드론에 쓰일 수 있고, 건물 제어, 청소, 안전 관리 등에도 활용 가능합니다.

프롭테크는 실제 분양 시장에서 그 모습을 드러내고 있으며 VR, 유튜브 콘텐츠 등을 활용한 사이버 모델하우스가 점차 일상화되고 있습니다.

해외여행은 멈춤, 가족 단위 캠핑은 활짝

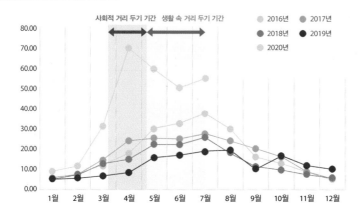

캠핑 검색어 트렌드[b]

출처: Naver DataLab 2019.0728~2020.07.28

    코로나19로 올해 해외여행은 '멈춤' 상태입니다. 이를 대신할 새로운 여행 행태 '캠핑'이 인기를 끌고 있습니다. '캠핑'을 키워드로 검색어 트렌드를 분석한 결과 2016년 이후 매년 소폭 감소하던 야외 활동이 2020년에는 급증한 것으로 나타났습니다. 한국관광공사가 통신사 빅데이터 분석을 활용해 코로나19 발생 이후 가족 단위의 아웃도어 레저 및 캠핑 수요가 증가했음을 발표한 것과 같은 결과입니다.[34]

---

b 네이버에서 검색된 횟수를 일/주/월별 합산하고 조회 기간 내 최대 검색량을 100으로 설정해 상대적인 변화를 나타냄. 2020년 7월 25일까지의 평균

증가 폭은 날씨가 따뜻해지는 3월부터 두드러졌습니다. 이후 가파르게 증가하다가 5월 대규모 확진자 발생으로 다소 감소했지만 6월부터는 다시 증가하는 추세입니다.

랜선 타고 가상 여행

집에서 랜선 휴가를 즐기는 행태도 관찰됩니다. 랜선 휴가란 온라인으로 즐기는 여행을 의미합니다. SNS에서는 세계 유명 여행지에 자기 사진을 합성해 올리는 '어디 갈래 챌린지(where_doyouwannago_challenge)'가 심심치 않게 눈에 띕니다. 그리고 사람들은 과거에 올렸던 여행 사진을 다시 포스팅하며 추억하는 모습도 보입니다.

이런 트렌드에 발맞춰 각국 관광청에서는 랜선 여행 콘텐츠를 서비스하고 있습니다. 우리나라와 영국을 비롯한 일부 국가에서는 여행 영상을 VR(가상현실)로 구현해 제공하고 있습니다. 360도 VR 카메라로 촬영된 영상을 원하는 각도로 조절하며 랜선 여행을 즐길 수 있습니다. 오감을 충족해 주진 않지만, 훗날의 여행을 기약하며 즐기기에는 제법 괜찮아 보입니다.

이외에 세미나, 기자간담회, 학술대회 등도 웨비나(web+seminar) 형식으로 진행하는 것이 일상이 되었습니다. 기업에서 언택트 채용 방식을 도입하거나 기자간담회, 주주총회를 온라인 생중계로 진행하는 것 또한 코로나19가 가져온 변화입니다.

끝날 듯 끝나지 않는 코로나19. 지금까지 잘 해왔듯 ICT를 활용해 슬기로운 생활 방역을 이어나가길 기대합니다.

6

코로나19는
교육계를 어떻게 뒤바꿨을까?

지난해 12월, 코로나19 세계 첫 확진 환자가 나왔습니다. 이후 두 달 사이 확진자는 전 세계로 퍼졌습니다. WHO(세계보건기구)는 팬데믹을 선포했고, 사회는 분야를 불문하고 어려움에 직면했습니다.

우리나라 정부는 3월부터 본격적으로 '사회적 거리 두기' 캠페인을 시행했습니다. 사람 간 접촉을 최소화해 바이러스로부터 우리 자신을 보호하자는 것이 주요 골자였습니다. 새 학기를 맞은 교육계 역시 정부 정책에 발을 맞추었습니다 '사회적 거리 두기'를 교육 현장에 접목하기 시작한 것입니다.

사회적 거리 두기에 발맞춘 교육 현장

교육 현장에서는 온라인 학습 도구를 활용한 원격 수업을 시행했습니다. 오프라인 방식에서 ICT(정보통신기술) 기반의 온라인 원격 교육으로 급격한 플랫폼 변화를 이룬 것입니다. 지난해 4월 세계 최초로 5G(5세대) 이동통신 서비스를 상용화하는 등 네트워크 강국이라는 선행적 기반이 있었기에 가능한 조치였습니다.

온라인 원격 교육을 가장 먼저 시행한 곳은 국내 대학입니다. 초반에는 대학과 학생 모두 새로운 시스템에 적응할 시간이 필요했습니다. 온라인 강의 시스템을 정비하고 개선점을 찾는 노력 덕분에 현재는 원격 교육 방식이 점차 안정을 찾았습니다.

온라인 수업에서는 강의 영상을 직접 제작해 배포하거나 텍스트 강의록을 첨부하기도 합니다. 외부 교육 자료를 활용하는 등 수업 방식도 다양합니다. 'zoom', '행 아웃', '스카이프', 'YouTube 라이브' 등 활용 가능한 영상 통화 웹·앱 서비스도 여러 가지가 있습니다. 이런 온라인 학습 도구는 참여자 간 양방향으로 영상과 음성을 주고받을 수 있도록 설계되었습니다. 음성 자동 탐지 기능을 활용해 말하는 사람을 알아서 찾아 화면에 띄워 주기도 합니다. 이외에도 자료 공유, 실시간 채팅 등을 제공함으로써 오프라인 수업과의 간극을 좁히기 위해 진화하고 있습니다.

지속적 개선이 필요한 원격 교육 시스템

4월부터는 온라인 원격 교육이 초·중·고등학교 현장에 모두 적용되었습니다. 물론 그 과정에서 미흡한 점도 발견됐습니다. 한국교육학술정보원(KERIS)의 학습관리시스템(LMS) 'e학습터'는 접속이 지연되었고, 학급 관리 플랫폼인 '위두랑'에 접속이 안 되는 등

혼선이 빚어졌습니다. 많은 학생이 한 개 시스템에 동시에 접속하면서 발생한 '서버 과부하' 탓입니다.

이에 해법 모색이 필요하다는 목소리에 힘이 실렸고, 학년별 또는 학교 지역별로 서버를 추가 분산해야 한다는 의견이 대두됐습니다. e학습터로 바로 접속하는 링크를 통해 메인 페이지 접속 폭주를 방지해야 한다는 대책도 거론됐습니다.

궁극적으로는 대량의 접속 트래픽에도 원활히 작동하는 서버 환경을 구축해야 합니다. 다행인 것은 현재 통신사, 클라우드사, IT 업계가 한데 모여 ICT 인프라 기술을 교육 현장에 성공적으로 적용하기 위해 노력하고 있다는 것입니다. 또한, 이들 기업은 노후화된 학교망을 개선하는 등 미래의 교육 현장을 위해서도 앞장서고 있습니다.

새로운 교육 비즈니스 모델을 위해

우리는 매일 온라인 환경 속에서 생활하고 있습니다. 스마트폰으로 금융 활동을 하고, 게임, 음악, 뉴스 등의 콘텐츠도 온라인에서 소비합니다. 코로나19 사태 이후에는 ICT 기술 기반의 온라인 교육을 받으며 현재의 어려운 시간을 의미 있게 보내고자 노력하고 있습니다.

어떻게 보면 코로나19로 시작된 온라인 원격 수업이 대한민국 원격 교육 시스템의 수준을 점검하는 계기가 된 것은 아닐까요? 미흡한 점이 있었다고는 하나 가능성을 발견했고, 아마도 시스템을 꾸준히 보완한다면 온라인 원격 교육은 새로운 성장 산업으로 발돋움할 수 있을 것으로 보입니다.

물론 앞으로가 중요합니다. 문제점을 개선한 솔루션을 개발하고, 온라인 교육의 긍정적 효과를 지속해서 연구해야 합니다. 이를 잘 해낸다면 현재의 경험은 훌륭한 교육 자산으로 발전할 밑거름이 될 것입니다.

7

비대면 소비문화,
ICT 플랫폼을 입고 진화하다

코로나19의 장기화는 모두에게서 희망을 빼앗아 간 것 같지만, 그래도 많은 사람들이 각 분야에서 어려움을 헤쳐나가고자 방법을 찾는 과정을 통해 우리는 한층 더 성숙해지고 있음을 느낍니다. 특히, 개인이 할 수 있는 생활 방역인 강화된 사회적 거리 두기를 실천하며 살아나가기 위한 소비자의 니즈와 소비자들의 발길이 끊긴 오프라인의 한계에서 벗어나 살아남기 위한 생산자의 니즈는 ICT(정보통신기술) 플랫폼을 통해 새로운 기회를 찾아내고 있습니다.

라이브 커머스, 홈쇼핑과 온라인 쇼핑의 진화

소비자들이 일상생활 속에서 제품이나 서비스를 구매하는 이유는 구매 당시의 특정 욕구(needs)를 충족시키기 위해서입니다. 코로나 시대라 하더라도 배고픔을 해소하려 하고, 편안함과 안전을 추구하려 하는, 즉 우리가 살아가기 위해 근본적으로 가지고 있는 욕구들이 사라지지는 않습니다. 이러한 근원적 욕구를 해소하기 위한 소비의 필요성과 감염으로부터 안전하게 지내고자 하는 안전의 욕구가 합쳐지면서 비대면 소비문화의 형태가 나타나고 있습니다. 과거부터 존재했던 TV 홈쇼핑부터 온라인 쇼핑에 이어 최근에는 라이브 커머스로 비대면 소비 플랫폼은 진화하고 있습니다.

라이브 커머스(live commerce)는 실시간 스트리밍 비디오(streaming video)와 이커머스(e-commerce)가 합쳐진 쇼핑 플랫폼입니다. 실시간 영상을 통해 상품을 소개하고, 궁금한 점은 바로 질문하고, 해당 페이지에서 판매까지 이루어집니다. PC, 태블릿 PC, 스마트폰 등의 기기를 통해 소비가 이루어지기 때문에 양방향 소통이 가능한 비대면 소비 플랫폼입니다. 홈쇼핑의 경우 전문 쇼 호스트가 사전에 기획된 줄거리와 정해진 정보만 전달하는 반면, 라이브 커머스의 경우는 전문 방송인뿐 아니라 1인 크리에이터, 브랜드 관계자 등이 진행하며 자유로운 양방향 소통이 가능합니다. 그래서 라이브 커머스는 즉각적인 질문에 대한 답이나, 즉흥적으로 제시하는 소비자들의 요청을 실시간으로 반영해서 콘텐츠가 운영되는 유연함이 존재합니다. 소비자들은 비대면으로 쇼핑을 하고 콘텐츠를 통해 즐거움도 추구할 수 있습니다. 오프라인에서 사람들의 발길이 끊긴 중소상공인들의 경우 라이브 커머스가 비대면 판매의 활로를 제공한다는 점에서도 의미가 큽니다.

온라인 공연과 축제, 참여의 제한을 없애다

라이브 스트리밍은 온라인 쇼핑뿐 아니라 공연계에도 긍정적인 영향을 미치고 있습니다. 최근 강화된 사회적 거리 두기로 인해 예정되었던 공연들이 모두 취소되면서, 공연을 기다렸던 많은 팬들은 실망을 감추지 못했습니다. 지금, 이 순간 베를린 필하모닉의 공연을 내가 현재 있는 공간에서 실황으로 들을 수 있다면 조금은 위안이 되지 않을까요? 2008년부터 운영되어 온 베를린 필하모닉 디지털 콘서트홀은 공연 실황을 실시간으로 중계하는 것뿐 아니라 아카이브를 통해 지휘자, 작곡가, 시대, 장르에 제한 없는 공연을 제공하고 있어 사람들의 마음을 조금이나마 위로해 주고 있습니다. 한국에서 역시 랜선 음악회 형식을 통해 온라인 중심의 새로운 시도가 공연계에서도 이어지고 있습니다. 2020년 9월 3일 시작한 원주한지문화제의 경우, 온라인으로 축제를 진행하며 비대면 축제의 시작을 알렸습니다. 지역 축제의 경우, 해당 지역을 방문해야만 경험할 수 있는 한계가 있었지만, 비대면 축제는 기존의 물리적 한계를 뛰어넘어 오히려 전국에서 참여할 수 있는 축제가 된 것입니다.

한계를 뛰어넘는 것은 우리의 몫

공연, 축제가 가지고 있는 특징이라고 여겨졌던 밀접, 밀집, 밀폐는 이제 그 한계를 뛰어넘어 비대면 플랫폼을 통해 사람들에게 다가가고 있습니다. 어쩌면 우리는 그동안 '공연은 공연장에서, 축제는 사람들과 만나서'라는 한계를 스스로 정해 놓았는지 모르겠습니다. 하지만 공연이나 축제가 '사람들에게 감동과 즐거움을 주는 시간을 만든다'는 본연의 목적을 되짚는다면, 물리적 제한은 결국 우리가 정해놓은 틀이었음을 깨닫게 됩니다.

코로나19는 사람 간 신체적 거리를 두어 우리를 물리적으로는 멀어지게 하고 있지만, 관계성을 추구하는 우리 인간의 본성은 이를 극복할 대안을 ICT를 통해 하나 둘씩 마련해 나가고 있습니다. 코로나19가 가져온 물리적 제한이 오히려 모든 분야에서 물리적 제한 없이 ICT를 통해 서로 연결하는 플랫폼을 구축하는 기회가 된 셈입니다. 이러한 장점으로 비대면 문화는 이제 거스를 수 없는 문화의 흐름이 될 것입니다. 앞으로 우리의 숙제는 비대면으로 인해 필연적으로 발생할 수 있는 온라인 접속 시 남게 되는 개인 정보에 대한 바른 수집과 보호에 대한 철저한 준비일 것입니다.

8

내가 스몸비일 수 있다고요?
멈추고, 살피고 보행합시다

스마트폰은 이미 우리 생활 깊이 자리 잡고 있어, 사람들에게 스마트폰의 사용을 제한하는 것은 불가능한 일처럼 보입니다. 이러한 스마트폰 의존과 스마트폰 중심의 생활은 보행 중에도 스마트폰을 이용하는 '스몸비'를 양산하고 있다는 것을 아시나요?

스몸비는 2015년에 독일에서 처음 사용된 스마트폰과 좀비의 합성어로, 보행 중에 스마트폰을 보느라 주위를 미처 보지 못하는 사람들을 의미합니다.[35] 2016년 '포켓몬고' 게임의 등장으로 사람들이 길거리를 걸어 다니면서 게임을 하는 것에 익숙해지고, 스마트폰 이용 관련 보행사고로 이어지면서 스몸비의 위험성 측면이 주목받기 시작했습니다.

보행 중 스마트폰을 이용하는 사람들의 유형

01. 안전하게 보행하는 사람 | 02. 스마트폰을 손에 들고 보행하는 사람 | 03. 헤드폰을 끼고 보행하는 사람 | 04. 전화하면서 보행하는 사람

05. 스마트폰을 보면서 보행하는 사람 | 06. 헤드폰 끼고 스마트폰 보는 사람 | 07. 스마트폰 보면서 문자 보내는 사람 | 08. 텍스트 보내면서 헤드폰 낀 사람

스몸비와 안전사고

우리나라에서 교통안전공단이 '스마트폰 사용이 보행 안전에 미치는 위험성 연구'를 위해 실시한 설문 조사 결과에서는 95.7%의 사용자가 보행 중 스마트폰을 사용한 경험이 있다고 보고하였고,[36] 호주의 보고서에서도 길을 건너는 사람들의 20%가 스마트폰을 사용하고 있었다고 하였으며,[37] 중국에서는 보행 중 SNS, 내비게이션, 음악, 책 등의 애플리케이션을 이용한다고 합니다. 그리고 보행 중에 게임을 이용한 사람들도 약 4.1%가 있었습니다. 이렇게 보행 중 스마트폰의 사용은 안전사고를 높일 우려가 있습니다. 우리나라 교통사고 중에서 사망사고는 보행자의 경우가 71.4%를 차지할 정도로, 보행자는 교통사고의 위험에 제일 많이 노출되어 있습니다.[38] 따라서, 모든 보행자는 보행 시 안전에 신경 써야 할 중요한 상황이라는

인식을 가져야 합니다.

스몸비의 특징

　일상생활에서 스마트폰을 보다가 내려야 할 지하철역을 지나쳤거나, 횡단보도 신호등이 초록색으로 바뀌었는지도 모르고 계속 스마트폰만 하고 있었거나, 또는 엘리베이터에서 통화하다가 다른 층에서 내렸던 경험이 한 번쯤은 있지 않나요? 일본 대학생을 대상으로 한 실험 결과, 휴대 전화를 사용하는 보행자, 특히 스마트폰으로 게임을 하는 보행자는 시각 및 청각의 반응시간이 현저히 낮아 사고 위험이 더 높다는 결과를 보고했습니다.[39] 이렇듯 보행 중에 스마트폰을 사용하는 것은 주의 집중력을 약화시키기 때문에 안전의 위험이 더욱 늘어납니다.

　스마트폰을 보면서 걸으면 보행에서도 눈에 보이는 특징이 나타납니다. 스몸비들은 천천히 걷는 경향이 있으며, 보폭이 좁아지고, 마치 슬리퍼를 신은 것처럼 발을 질질 끌면서 걷는다고 합니다. 아무래도 스마트폰에 집중하다 보니, 현재 자신의 걸음걸이에 대해서는 신경 쓸 겨를이 없기 때문입니다.

스몸비의 안전사고 발생을 위한 대책과 그 한계

　그동안 스몸비 행동을 예방하기 위해서는 사고 방지 애플리케이션이나, 법제화와 정책 실시 등 시스템적인 차원으로 접근하려는 시도가 있었습니다. 하와이에서는 보행 중 스마트폰 이용을 금지하는 법규를 제정하기도 했고, ICT(정보통신기술) 업체에서는 스몸비를 식별하여 알람을 주는 애플리케이션 개발에 힘썼으며, 우리 정부에서도 스몸비의 사고를 막기 위해서 '바닥 신호등'을 설치하기도 하였습니다. 그러나 이러한 전략들은 그 목적이 스몸비 행동에 대한 사후 조치이며, 스몸비 행동을 덜하게 하면서, 안전하고 바르게 스마트폰 사용을 하기 위함에는 한계를 보입니다. 그렇다면 스몸비 행동을 하지 않으면서, 그에 따른 안전사고의 예방도 동시에 이룰 수 있는 처방이 있을까요?

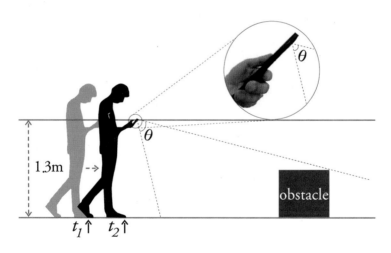

출처: Kim D, Han K, Sim JS, Noh Y (2018). Smombie Guardian: we watch for potential obstacles while you are walking and conducting smartphone activities

멈추고, 살피고, 보행합니다

우리나라 행정안전부의 보행 안전 지침에 의하면 1) 길을 걸을 때는 반드시 보도를 이용해야 하고 보도가 없으면 길 안쪽으로 통행합니다, 2) 골목길에서 보행할 때에는 항상 좌우를 살펴야 합니다, 3) 길을 건널 때는 항상 횡단 시설을 이용하고 녹색 신호가 들어와도 좌우를 살피며 안전하게 건너야 합니다[40]라고 명시하며, 모든 지침에 시각적 주의를 요구하고 있습니다. 즉, 안전을 위해서 멈추고, 살피고, 확인하고, 보행하라는 것입니다.

우리나라의 선조들은 길을 건널 때에는 아무리 견고한 돌 다리라도 두드려보고 안전을 확인한 후에 건넜다고 합니다. 시각적 주의는 필수이며, 안전을 위해서는 그 이상의 시간과 노력을 들여야 한다는 의미일 것입니다. 아무리 바쁘고 멀티플레이어가 되고 싶어도, 적어도 횡단보도를 건널 때에는 나의 안전을 스마트폰에 빼앗기지 않아야 합니다.

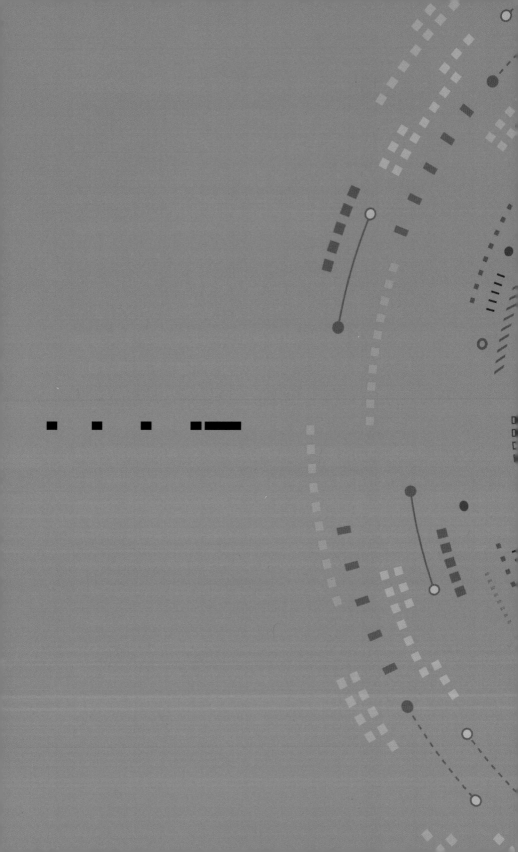

Part 4

사회

1

5G 시대에 더 면밀히 살펴봐야 할
디지털 소외계층

아침 6시. AI 스피커에서 알람이 울린다. 침대에서 일어나 화장실 거울 앞에 서자 내가

마주하고 있는 거울이 체온, 혈압 등 나의 건강 상태를 체크해 보여준다. 나의 건강 상태 데

이터는 주치의에게 전달된다. 씻고 나오자 오늘의 날씨와 캘린더에 입력된 나의 일정을 반영

하여 알맞은 옷을 추천해 준다. 외출 준비가 끝났을 무렵 커피 머신은 적절한 타이밍에 커피

를 내려주며, 나는 커피를 들고 어느덧 익숙해진 자율주행차에 타 이동 시간을 즐긴다. 나이

가 들어 때론 운전하기 부담스러웠는데, 세상이 참 편리해졌음을 새삼 느낀다."

초저지연성, 초연결성 등을 주요 특징으로 하는 5G 기술이 상용
화되면서 사물인터넷(IoT), 빅데이터(Big Data), 클라우드(Cloud),
인공지능(AI) 등 지능정보기술을 기반으로 하는 제품과 서비스를
손쉽게 활용할 수 있는 환경이 갖춰지고 있습니다. 이러한 정보기술

의 혜택을 누구나 손쉽게 누릴 수 있을까요? 5G 시대에 새롭게 나타날 수 있는, 혹은 줄어들거나 없어질 수 있는 정보격차(digital divide)에 대해 생각해 봐야 할 시기입니다.

스마트 가전, IoT 기기, 자율주행차가 있으십니까?

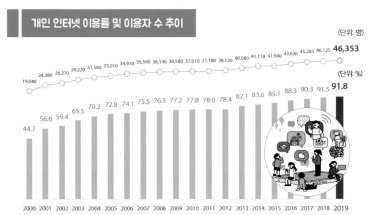

개인 인터넷 이용률 및 이용자 수 추이

출처: 2019 인터넷 이용 실태조사(과학기술정보통신부 · 한국정보화진흥원, 2020)

『2019년 인터넷 이용 실태조사』에 따르면 만 3세 이상 인구의 91.8%가 인터넷을 이용하는 것으로 나타났습니다. 또한 90.5%가 스마트폰 이용자로 물리적 형태의 접근 격차는 상당 부분 해소되고 있음을 알 수 있습니다.[41] 일반 국민의 정보화 수준 100을 기준으로 했을 때, 정보 소외계층으로 분류되는 장애인, 장노년, 저소득, 농어민의 접근 역시 90 이상으로 근접한 수치를 보여주고 있습니다.[42]

107

새로운 기술을 이용할 수 있는 기회를 의미하는 접근 격차는 5G 시대에 어떻게 변화하게 될까요? 우선 누구나 손쉽게 누릴 수 있는 5G의 혜택은 스마트폰에서 시작될 것으로 보입니다. 다만 기존의 접근 격차의 정도를 좌우하는 매체가 인터넷이 가능한 PC와 스마트폰 등 미디어로 한정되었다면, 향후에는 보다 다양한 디지털 기기와 ICT(정보통신기술) 환경이나 인프라에 영향을 받게 될 것입니다. 예를 들면, IoT 기기, 자율주행차, 스마트홈 등을 들 수 있습니다. 공유의 가치관보다 소유의 개념이 우선시되는 한 경제적 수준의 차이가 새로운 기술 이용에 대한 기회 차이를 야기하고, 이는 결과적으로 일상생활에서의 기술 활용을 넘어 사회적 계층 간 불평등을 심화시키는 결과를 가져올 수 있습니다.

디지털 기기의 사용법을 아시나요?

현재 이슈가 되고 있는 정보격차의 양상은 디지털 기기 사용을 위해 필요한 개개인의 능력(skill or competency)에 따른 부분입니다. 인터넷, 스마트폰 등 정보기술을 사용할 수 있는 환경이 구비되어 있음에도 불구하고 각종 디지털 기기가 다양해지고, 기능이 고도화되면서 자주 접하지 못하는 이용자에게는 사용 방법이 어려울 수 있기 때문입니다.

한 연구 결과에 따르면 1963년 이전에 출생한 장노년 3,875명 중 63.8%가 인터넷을 이용하지 않는 것으로 나타났으며, 14.1%는 로그인이 필요 없는 수준에서 정보검색이 가능한 것으로 나타났습니다. 그리고 온라인 계정을 이해하는 집단은 10.8%, 전자상거래가 가능한 비율은 11.2%로 나타났습니다.[43] 고령층이 인터넷 뱅킹이나 온라인 기차표 예약 등에 어려움을 겪고 있는 이유입니다.

그렇다면 5G 시대의 이용능력 격차는 어떻게 변화하게 될까요? 우선 지능정보기술을 활용하는 대다수의 디지털 기기가 스마트폰과 연동되고 있다는 점에서 정보소외계층을 대상으로 지속적인 스마트 미디어 이용 교육이 필요할 것으로 보입니다. 더불어 향후에는 신체 부착형 웨어러블 기기, 지문인식, 홍채인식 등의 기술을 통해 고령층이 어려움을 느끼는 온라인 계정에 대한 이해를 돕고 데이터 업로드/다운로드 절차의 간소화를 비롯한 이용자의 편의성이 향상된다면 이용 능력으로 인한 진입장벽이 낮아질 수 있을 것입니다.

5G 기반의 기술은 생활에 어떤 도움이 될까요?

인터넷이 커뮤니케이션이나 엔터테인먼트를 중심으로 사용될 당시에는 인터넷을 사용하지 않음으로써 발생하는 부정적 영향은 미미했습니다. 그러나 인터넷이 뱅킹이나 쇼핑 등 일상생활 곳곳에 활용되기 시작하면서 사용 여부에 따른 성과 혹은 결과(outcome) 격차가 확대되고 있습니다. 예를 들면, 인터넷상에서의 가격 비교를 통해 저렴하게 상품을 구입하는 사람이 있는 반면, 인터넷을 이용하지 못하는 사람들은 동일한 물건을 소매점에서 더 비싼 값을 주고 상품을 구입하게 되는 것입니다.

이러한 차이는 5G 기반의 지능정보기술 활용이 보편화되면서 점차 확대될 것으로 예측됩니다. 예를 들어, 교육이나 건강관리와 같은 특정 목적에 최적화된 IoT 기기를 통해 질병 예방 및 원격진료의 혜택이 증가하는 만큼 활용에 따른 격차의 양상이 교육 격차, 건강 격차, 궁극적으로 삶의 질 격차로 확대될 것으로 보입니다.

누가 5G, 지능정보기술의 혜택을 받을 수 있을까요?

성별, 연령, 학력, 인종, 경제 수준 등의 인구 사회학적 요인은 정보 격차의 정도와 이용 행태에 중요한 영향을 미치는 요인으로 밝혀져 왔습니다.[44] 이러한 요인은 5G 시대에도 역시 IoT, 자율주행차, 스마트홈 등을 이용할 수 있는 기회에 영향을 미칠 것으로 예상됩니다.

소득과 학력 수준 등에 따라 지능정보기술을 활용한 디지털 기기와 관련 서비스를 경험할 수 있는 기회에 차이가 생기고, 나아가 삶의 질에까지 영향을 미칠 수 있는 가능성이 높다는 측면에서 정보 격차로 인한 불평등이 확대되지 않도록 하기 위한 혜안이 필요한 시기입니다. 현재 시점에서 상용화되고 있는 대부분의 IoT나 AI 기기가 스마트폰과 연동되고 있는 만큼 개인 수준에서의 스마트 미디어 기반 역량 강화 교육이 지속되어야 하며, 사회적 차원에서 디지털 소외가 발생하지 않도록 정보통신 인프라가 체계적으로 구축되어야 할 것입니다.

2

모두가 함께 만들어 가는
스마트 시티

2019년 4월, 초고속, 초연결, 초저지연 등을 주요 특징으로 하는 5G(5세대 이동통신)가 국내에서 세계 최초로 상용화됐습니다. 5G는 직·간접적으로 연계된 네트워크 장비나 단말기, 콘텐츠 등의 기존 산업 전반에 영향을 미치는 것은 물론 자율주행차, 원격의료 등 새로운 기업과 산업의 출현을 가속화하고 있으며, 공공 및 사회 부문에도 중요한 변화를 가져오고 있습니다. 5G가 촉발하고 있는 여러 변화 중 하나로 우리의 일상생활과 직접적으로 관련된 스마트 시티를 들 수 있습니다.

개념적으로 스마트 시티는 추진기관 혹은 산업계, 학계 등에 따라 다양한 형태로 정의되고 있으나, 큰 틀에서는 '물리적 도시 시설이 IoT(사물인터넷) 등 ICT(정보통신기술)와 접목돼 효율적 도시 서비스를 제공할 수 있는 상태'를 말합니다.[45] 스마트 시티는 도시 노후화, 에너지 부족, 교통혼잡 등 다양한 도시 문제를 해결할 수 있는 유력한 대안으로 각광받고 있으며, 특히 대규모 투자를 필요로 하는 신규 인프라 구축에 비해 기존 인프라의 활용을 통해 보다 효율적인 접근을 가능하게 한다는 측면에서 주목받고 있습니다. 또한, 경제적 측면에서도 스마트 시티는 공공부문에서의 프로세스와 서비스 혁신은 물론 다양한 기업과 스타트업, 연구기관, 일반 시민 등을 연계하는 국가적 혁신 성장의 플랫폼으로 평가받고 있습니다.

전 세계에서 추진되고 있는 스마트 시티

우리나라에서 추진되고 있는 대표적인 스마트 시티로는 세종시(세종 5-1생활권)와 부산시(에코델타시티)를 들 수 있습니다. 두 도시는 2018년 1월 스마트 시티 국가시범 도시로 선정된 이후 도시 조성과 관련된 기본구상과 구체적 시행계획이 순차적으로 발표됐으며, 최근에는 일반 시민과 기업의 의견을 스마트 시티 추진 과정에 수렴하기 위한 서비스로드맵 설명회,[46] 스마트에너지시티 비즈니스 전략 컨퍼런스,[47] 부산 스마트 시티 산업 전략 시민 공유 토크콘서트[48] 등이 진행되기도 했습니다. 이러한 노력은 스마트 시티의 초기 유형으로 과거 정부 혹은 기관 주도로 추진된 유비쿼터스 시티(U-City) 사례를 답습하지 않기 위한 노력으로 보입니다.

해외에서 추진되고 있는 스마트 시티는 어떨까요? 한국정보화진흥원(National Information Society Agency)에서 최근 발간한 스마트 시티 관련 보고서에 따르면,[49] 중국 항저우의 '시티브레인(Citybrain) by 알리바바(Alibaba)'나 싱가포르의 '버추어 싱가포르 by 다쏘 (Dassault) 시스템'은 정부와 지자체 및 일부 기업들이 스마트 시티 의 기획 및 구축 과정에서 주도적인 역할을 수행했습니다. 한편 시 민의 적극적 참여 측면에서 흥미로운 사례로 네덜란드 암스테르담 을 들 수 있습니다.

암스테르담은 2009년에 구축한 암스테르담 스마트 시티 (Amsterdam Smart City, ASC) 플랫폼을 통해 시민과 스타트업, 민간 기업들의 참여가 핵심이 되는 개방적 스마트 시티를 만들어 가고 있 습니다. 암스테르담 시민들은 누구나 자유롭게 스마트 시티와 관련 된 아이디어를 ASC 플랫폼을 통해 제시할 수 있으며, 제시된 아이 디어는 지자체와 연구소, 기업 등으로 구성된 네트워크 구성원의 자 발적인 참여 및 협업을 통해 다양한 의견을 수렴하고 가시화되는 과 정을 거치게 됩니다.

대표적인 프로젝트로는 '암스테르담 혁신 경기장(Amsterdam Innovation Arena)'을 들 수 있습니다. 경기장 지붕을 덮고 있는 태양 광 패널과 닛산의 전기차 리프(Leaf)에 사용했던 재생 배터리로 만 든 친환경 에너지 스토리지가 핵심입니다. 경기장에서 필요한 전기 를 자체적으로 수급하고 남는 전기로 주변의 주택과 전기차 충전까 지 가능합니다.

기업과 시민이 참여하는 스마트 시티

앞서 전 세계의 다른 스마트 시티들과 우리나라의 세종시와 부산시를 비교해 보면 어떨까요? 세종시와 한국토지주택공사 주도로 추진되고 있는 '세종5-1생활권'과 부산시와 한국수자원공사(K-Water) 등이 추진하고 있는 '에코델타시티'는 중국의 항저우나 싱가포르 혹은 영국 정부 주도로 추진된 계획형 스마트 시티인 밀턴 킨스(Milton Keynes)와 비슷한 유형입니다. 두 도시 모두 민간기업과 시민 참여를 끌어내기 위한 몇몇 노력이 감지되고 있습니다. 예를 들어, 부산시는 시민과 기업, 지역의 대학, 연구원 등이 함께 참여하는 스마트 거버넌스를 구축하고 데이터에 기반한 시민 참여로 도시문제를 해결하기 위한 리빙랩(물류, 에너지, 환경, 의료 등 9개 분야)을 도입하기도 했습니다.

스마트 시티를 통한 사회적 가치 창출

스마트 시티는 누구를 위한 것이 되어야 하며 어떻게 만들어 가야 할까요? 대상 지역과 계획 호수를 지정하고 정해진 예산과 일정에 맞춰 추진되는 스마트 시티가 최선일까요? 암스테르담에서는 도시를 더 살기 좋은 곳으로 만들기 위한 아이디어를 누구나 제안할 수 있고, 실제로 참여자들의 호응을 얻는 좋은 제안들이 서비스로 구현되고 있습니다. 그리고 실제 구현된 서비스는 다시 시민들에게 평가받고 더 나은 대안이 제시되는 선순환을 이어가고 있습니다. 그래서 암스테르담은 행정적인 관점이 아니라 시민의 눈높이에서 추진되는 스마트 시티의 모범 사례로 손꼽힙니다. 이러한 선순환의

원동력은 무엇일까요? 그 답은 그 도시에 살고 있는 우리에게 있습니다.

3

사회적 거리 두기,
그래도 마음의 거리는 0m

코로나19의 지역사회 감염 확산을 막기 위해 사람들 사이의 거리를 유지하는 사회적 거리 두기 캠페인이 확산되고 있습니다. 행사나 모임 등 사람과의 접촉을 최소화하고, 부득이하게 만나더라도 2m 이상 거리 두기 등 접촉을 최대한 피해 감염을 방지하기 위한 캠페인입니다. 휴원, 휴교, 유연근무, 재택근무, 온라인 종교활동 등 모두 사회적 거리 두기의 일환입니다. 사회적 거리 두기를 슬기롭게 시행하기 위한 우리 사회의 노력에는 어떤 것들이 있을까요?

사회적 거리 두기 캠페인

한국에서 코로나19 확진자가 발생한 지 50일이 지난 무렵, 코로나19는 전 세계적으로 확산되었습니다. 지난 3월 9일(현지시간),

WHO(세계보건기구) 사무총장은 100개국에서 보고한 코로나 사례가 10만 건을 넘었다며, "코로나19의 팬데믹(세계적 대유행)이 매우 현실화되고 있다"라고 발표했습니다.

또한 코로나19 발생 현황과 관련해 코로나19 확진자가 없는 국가, 산발적으로 발생하는 국가, 집단에서 발생한 국가, 지역사회 감염이 발생한 국가 등 네 가지 유형으로 분류하고 각 국가의 상황에 따라 대응할 것을 권고했습니다.

그리고 앞의 세 유형에서는 감염자를 찾아서 검사, 치료, 격리하고 접촉자를 찾는 방안을, 지역사회 감염이 일어난 국가에서는 휴교하거나 모임 자제 등 노출을 줄이는 방법을 제시했습니다. 그리고 지역사회 전염이 발생한 우리는 현재 '사회적 거리 두기(social distancing)'를 실천하고 있습니다.

소셜 미디어가 나서다, 식자재 나눔 운동

대구 경북 지역에 확진자가 급속히 확대되고 거리에 인적이 끊기면서 많은 식당에서는 손질해 두었던 식자재를 소진하지 못해 손해가 극심한 상황입니다. 이에 식당들은 식자재를 무료로 나누거나, 포장 판매에 나섰습니다. 그리고 몇몇 소셜 미디어가 이러한 소식을 무료로 홍보해 주며 식당 돕기에 나섰습니다. 일부 식당들은 식자재 소진을 넘어 임대료를 마련할 수 있을 정도로 홍보 효과를 보기도 했습니다. 이처럼, 식당과 소비자들은 서로에게 도움이 되는 방식을 찾아 나가고 있습니다.

식자재 나눔 운동에 참여한 소셜 미디어

출처: 대구맛집일보 페이스북 페이지, 울산언니 페이스북 페이지

건물주가 나서다, 자발적 임대료 인하 운동

뉴스에서 현재 자영업을 하는 임대인들의 상황이 어려우니 임대료를 낮추기로 했다는 한 건물주의 인터뷰를 보았습니다. 건물주라고 하더라도 안 하는 게 아니라 못하는 사람들도 있을 텐데, 자발적인 임대료 인하는 아마 자영업자들에게 큰 도움이 되었을 것입니다. 그 이후로는 '착한 임대인 운동'이라는 말로 임대료 인하가 기업, 연예인, 일반 건물주를 중심으로 확대되며, 모두가 힘든 상황에서 서로를 배려하며 함께 이겨내고 있습니다.

시민들이 나서다, 마스크 안 사기 운동

인터넷에서 뉴스 기사의 '마스크 안 사기 운동'이란 제목을 처음 봤을 때 아마 많은 사람들은 부정적인 생각이 먼저 들었을 겁니다. 마스크 구매와 관련된 정책과 불만이 함께 쏟아져 나오던 시기라 '갈등'이란 생각이 먼저 들 수도 있지만, 기사 내용은 불매 운동이 아닌 '양보' 운동이었습니다. 취약계층이나 의료인 등 나보다 더 급한 사람을 먼저 생각하는 마음에서 시작된 것으로 마스크 안 사기 운동은 SNS, 맘카페 등을 통해 확산되었습니다.

성숙한 시민의식 그리고 디지털 시티즌십

모두가 어려운 시기이지만 간간이 들려오는 훈훈한 소식은 성숙한 시민이라는 자부심과 희망을 줍니다. 소개된 사례 이외에도 기업의 성금 기부, 후원, 마스크 나눔, 개인의 온라인 기부, 응원 메시지 등 온·오프라인에서의 선한 마음과 행동은 우리 사회가 어려움을 극복하는 데 큰 힘이 될 것입니다. 자신이 가지고 있는 유·무형의 자원을 활용해 더 어려운 이들을 도울 방법은 무엇일까요? 앞으로도 소소한 아이디어가 우리 사회에 긍정의 나비효과를 가져오기를 기대합니다.

4

코로나19, 감염병을 통해 보는
사회적 신뢰의 단면

코로나19 공포는 사재기로 이어지고 있습니다. 이른바 패닉 바이(panic buy), 삶에 대한 통제권을 잃은 대중은 생필품을 마련해 그 불안을 조금 잠재우고 있습니다. 하지만 이러한 현상은 집단의 공포를 더욱 키울 수 있습니다. 미국 대통령까지 나서서 국민들에게 사재기를 멈춰 달라고 호소한 이유이기도 합니다. 일상을 엄습한 바이러스가 이렇게 우리의 마음마저 갉아먹고 있는 지금, 이러한 불안을 어떻게 관리해야 할지 고민할 때입니다.

불확실성은 신종 감염병에 대한 불안의 자양분

2003년 사스, 2015년 메르스, 2020년 코로나19···. 신종 감염병의 주기는 점점 짧아지고 있습니다. 이전에 없던 새로운 감염증이라

백신이나 치료제도 없습니다. 내가 어떻게 감염될지 모르고, 내가 전파자가 될 수도 있습니다. 이 때문에 사회적 거리 두기를 통해 대면 접촉을 제한하고 있습니다. 신종 감염병을 둘러싼 이 모든 현상은 사회구성원의 불안을 증폭시키는 요인입니다. 사람들의 불안은 데이터로도 나타납니다. 지난 4월 첫 주 동안 소셜 미디어에 나타난 '신종 감염병'과 연관된 단어 노출을 보면, 한국 국민들 역시 불안을 느끼고 있는 것을 확인할 수 있습니다.

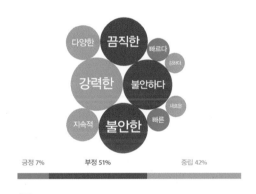

신종 감염병과 연관된 단어 노출로 살펴본 한국 국민들의 감정

다양한 끔직한 빠르다 강하다 강력한 불안하다 새로운 지속적 불안한 빠른

긍정 7%　　부정 51%　　중립 42%

출처: SomeTrend

코로나19로 인해 많은 공장과 생산시설이 폐쇄되었고, 코로나19가 장기화되면서 사회 시스템의 불확실성이 높아지는 상황에서 사람들이 생필품 고갈에 대한 불안을 느끼는 것은 어쩌면 당연해 보입

니다. 이러한 불안을 해소할 수 있는 보상이 확실한 물품입니다. 눈에 보이는 물건을 통해 불확실성을 줄이고 조금이나마 마음의 위안을 얻는 것입니다. 이러한 보상 소비 심리가 사회 전체로 극에 달하면 사재기 현상이 나타날 수 있습니다. 만약 신종 감염병에 대한 불안을 개인 차원이 아닌 사회 시스템 차원에서 관리할 수 있다면, 불안으로 인해 발생하는 많은 사회적 문제를 미리 대처할 수 있을 것입니다.

ICT 기반의 투명한 정보공개가 쌓은 사회적 신뢰

앞서 이야기했듯, 신종 감염병의 불안을 키우는 가장 큰 요인은 불확실성입니다. 따라서 이러한 불확실성을 줄일 수 있는 정확한 정보 제공 시스템이 있다면 불안을 줄일 수도 있을 것입니다. 언제, 어디에서, 어떻게 전염병에 걸릴지도 모른다는 불안함의 제어장치가 되는 것입니다.

실제로 시스템을 통해 개인의 불안을 관리한 사례도 있습니다. 90년대 유럽에서 발생한 광우병 사태 때입니다. 국가와 전문가는 광우병 상황에서 정확하고 적절한 관련 정보를 지속해서 제공하였고, 이는 사람들이 인식하고 있는 위험과 불안을 완화시키는 중요한 요인으로 작용했습니다.[50] 국가와 전문가 집단은 시스템을 기반으로 정확한 정보를 공유하고, 이를 통해 형성한 신뢰가 광우병에 대한 위험 인식을 낮춘 것입니다. 국가와 관련 공적 기관이 제공하는 정보가 불안 관리의 중요한 요소가 될 수 있음을 확인한 사례입니다.

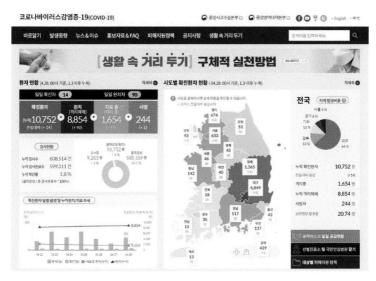

출처: http://ncov.mohw.go.kr/

우리나라 중앙재난안전대책본부는 매일 감염증 현황(확진자, 격리 해제, 검사 진행, 사망자 수)을 공개하고, 통신사 기지국 기반의 위치 정보를 바탕으로 긴급재난문자(확진자 정보, 이동 경로)를 발송하고 있습니다. 주요 시 · 도 · 청에서도 홈페이지에 감염자 이동 경로 정보를 신속하게 공개하고 있습니다. 코로나19 초기 가장 빠른 확산세를 보였음에도 불구하고, 국내에서 사재기 열풍이 일부 지역에서 일시적으로 발생하였다가 금세 사그라진 것 또한 이러한 정보 시스템의 영향은 아니었을까요? ICT(정보통신기술) 기반의 투명한 정보공개로 감염 확산을 방지할 뿐 아니라 코로나19 대응에 대한 신뢰를 쌓을 수 있었던 것입니다.

긍정적 경험은 사회의 면역력을 키운다

국내에서는 코로나19가 사회적 혼란을 만들었음에도 불구하고, 전 세계를 강타한 생필품 사재기 열풍이 비껴갔습니다. 당연한 일상이지만, 이 일상이 깨졌을 때 불안은 엄습합니다. 우리는 코로나19가 시작된 1월부터 현재까지 온·오프라인의 유통 채널에서 언제든 물건을 구매할 수 있었습니다. 필요한 물품을 언제든지 살 수 있다는 경험을 반복해 그 불안을 느끼지 않은 것입니다. 이러한 긍정적 경험의 반복은 이른바 '가용성 휴리스틱'으로 작동합니다.[51] 언제든 내가 원하는 생필품을 구할 수 있다고 직관적으로 판단하는 것입니다. 이를 통해, 우리는 국내의 생산과 유통 시스템을 신뢰할 수 있다는 긍정적인 경험을 쌓았습니다. 반복적인 경험은 불안을 감소시키고, 사재기로 연결되지 않았던 것입니다.

앞으로도 또 다른 신종 감염병은 발생할 수 있습니다. 이러한 상황에서 사회적 신뢰는 언제든 발생할 수 있는 바이러스의 위기 속 강력한 면역력이 되리라 기대합니다. 물론, 신뢰는 안정적인 ICT 시스템 속에서 지속적으로 정보가 제공될 때 형성될 수 있을 것입니다. 온 국민이 코로나19를 버티어 내고 있는 힘겨운 이 시간, 코로나19를 통해 쌓은 경험을 반영하여 신뢰할 수 있는 ICT 시스템을 지속시킬 수 있는 방법을 찾는 것은 어떨까요? 위기 속 불확실성 때문에 불안해하는 사람들에게 심리적 안정감을 줄 수 있는 백신이 될 수 있을 것입니다.

5

코로나19가 남긴 저널리즘의 과제, 알고리즘이 해결할 수 있을까?

뉴스 미디어 콘텐츠의 형식을 따른 조작된 가짜 정보를 뜻하는 가짜 뉴스는 코로나19의 확산과 함께 심각한 사회적 문제로 떠오르고 있습니다. 가짜 뉴스의 주제는 감염 예방부터 정치적 음모론까지 광범위합니다. 잘못된 예방법과 치료법의 확산은 실제로 심각한 피해로 돌아왔습니다. 소금물 스프레이로 코로나19를 예방할 수 있다고 믿었던 종교 시설의 집단 감염 사례가 대표적입니다. 정치적 음모론도 자주 등장합니다. 총선을 앞두고는 '총선 전까지 정부가 코로나19 검사를 못 하게 한다'[52]는 가짜 뉴스가 퍼졌습니다. 방역 당국에 대한 신뢰 저하는 정부 방역 대책에 대한 불신과 비협조로 이어질 수 있다는 점에서 코로나19 대응에 심각한 문제입니다. 가짜 뉴스, 어떻게 대응할 수 있을까요?

팩트 체크 뉴스로 가짜 뉴스를 바로잡을 수 있을까?

가짜 뉴스의 부정적 영향을 효과적으로 막기 위해 개인적 차원과 구조적 차원의 두 가지 범주의 대응 방안을 고려해 볼 수 있습니다.[53] 전자는 개개인의 가짜 뉴스 판별 능력을 제고하는 방법이고, 후자는 규제와 기술로 대응하는 방법입니다.

개인의 판별 능력을 제고하는 가장 보편적인 방법으로는 팩트 체크 뉴스가 있습니다. 팩트 체킹은 거짓 정보를 적극적으로 바로잡는다는 점에서 매우 바람직해 보이는 방법입니다. 그러나 그 효과는 단순하게 평가할 수 없습니다. 복잡한 인간 심리 때문입니다. 사람들은 자신의 기존 태도를 강화해 주는 정보를 선호(선택적 노출, selective exposure)하고, 기존의 신념과 일치하는 정보를 그렇지 않은 정보보다 더 설득력 있게 받아들이는 성향(확증 편향, confirmation bias)이 있습니다. 자신이 속한 공동체의 신념에 동조하는 경향이 있습니다. 즉, 가짜 뉴스라고 하더라도 기존에 가지고 있던 신념이나 자신이 속한 공동체의 태도에 일치할 경우엔 설득력 있는 정보로 받아들이게 될 가능성이 있는 것입니다.

또한 팩트 체크 뉴스의 특성상 사실이 가짜 뉴스와 함께 전달됩니다. 만약 뉴스 수용자가 가짜 뉴스의 내용에 동조하는 심리적 태도를 가지고 있다면, 오히려 가짜 정보를 반복적으로 숙지하며 사실로 받아들이게 되는 역효과가 나타날 수도 있습니다. 사람들은 익숙한 정보를 사실로 받아들이는 경향이 있기 때문입니다.[54] 온라인상에서 정치적 편향성이 심화하고, 언론에 대한 신뢰가 낮아지는 현실까지 고려하면 팩트 체크 뉴스의 효과를 낙관하긴 더 어려워집니다.

가짜 뉴스를 탐지하는 알고리즘의 활용

기술적 방법은 가짜 뉴스의 확산을 온라인 플랫폼을 통해 감지하고 개입하는 방법입니다. 가짜 뉴스의 급격한 확산은 온라인 미디어의 발달과 밀접한 관련이 있습니다.[55] 미디어 환경의 변화로 기존 전통 언론의 영향력은 약화되고 있는데, 유튜브 등 새로운 플랫폼이 뉴스 공급원으로 떠오르고 있기 때문입니다. 특히 SNS는 뉴스 소비 패턴을 바꾼 중요한 원인[56]이자, 가짜 뉴스의 주된 확산 경로이기도 합니다.[57] 그러므로 가짜 뉴스 확산 문제는 그 확산 경로인 온라인 플랫폼 차원에서 접근할 필요가 있습니다.

구글이나 페이스북, 트위터와 같은 플랫폼 사업자들은 이윤 창출을 위해 다양한 데이터를 활용한 콘텐츠 추천 알고리즘을 사용하고 있습니다. 정보의 품질과 다양성을 고려하여 알고리즘을 조정하면 가짜 뉴스의 확산에 개입할 수 있는 것입니다. 페이스북은 이미 정보의 '품질'을 고려한 뉴스 큐레이션 서비스를 제공할 예정이라고 공언했고, 트위터 또한 일부 가짜 정보 제공 계정을 차단했다고 밝혔습니다. 이렇듯 플랫폼 사업자의 기술적 개입은 가짜 뉴스의 확산을 막는 직접적이고 효과적인 방법이 될 수 있습니다.

물론 이러한 기술적 개입은 신중해야 합니다. 무엇을 가짜 뉴스로 볼 것인지 평가하고 판단하는 것은 쉬운 일이 아닙니다. 지금까지 플랫폼 사업자가 어떤 기준으로 정보의 품질을 판단하는지, 평가하는지 명확히 알려지지 않았습니다. 적극적인 개입을 위해서는 플랫폼 사업자뿐 아니라 다양한 주체가 이를 평가할 필요가 있습니다. 또 플랫폼 차원의 검열은 표현의 자유를 억압하고 콘텐츠에 대한 접근을 막는 수단이 될 수 있습니다. 가짜 뉴스가 민주주의를 위협하는 요소인 것은 분명하지만, 그에 대한 사전 검열은 그 자체로 민주주의에 대한 또 다른 위협이 될 수 있다는 우려가 있습니다.

가짜 뉴스 확산 막기 위한 기술적 개입에 대한 공론화가 필요한 때

코로나19 이후에도 드러나듯 가짜 뉴스는 집단적인 정치적 편향성과 맞물려 더욱 큰 사회적 혼란으로 증폭되는 양상을 보일 때가 많습니다. 온라인상의 집단 극화와 인간의 심리를 고려하면 가짜 뉴스는 그리 쉽게 풀어낼 수 있는 문제가 아닙니다. 근본적으로는 개인의 숙의와 성찰적 미디어 소비가 필요하지만, 구조적 차원의 개입이 필수적인 상황입니다. 결국 온라인 플랫폼 사업자의 기술적 개입에 대해서, 즉 알고리즘을 활용한 개입에 대해서 공론화하고 정부와 학계, 시민들이 함께 논의할 필요가 있습니다. 현대 저널리즘의 객관 보도, 균형 보도의 원칙은 세계 제1차대전 때의 프로파간다 확산에 대한 대응 차원에서 정립되었습니다. 코로나19와 함께 맞이한 인포데믹은 가짜 뉴스에 대한 새로운 대응 방안을 정립하기 위한 좋은 기회이기도 합니다.

6

가짜 뉴스에 대응하는
우리의 자세

우리는 가짜 뉴스가 범람하는 시대에 살고 있습니다. 그리고 가짜 뉴스 문제는 전 세계적으로 심각한 정치적, 사회적 문제를 일으키고 있습니다. 가까운 예로 최근 불거지고 있는 한일 무역갈등과 관련하여 "핵무장한 남북통일 조선의 등장이 가시화되고 있다" 같은 일본의 우익 성향 언론들이 양산하고 있는 혐한 가짜 뉴스나, "가수 유승준(미국명 스티브 승준 유)이 관광비자로 입국 가능했다" 같은 시사성 가짜 뉴스 등을 들 수 있습니다.

가짜 뉴스가 급격히 확산하는 원인은 무엇일까?

우선 가짜 뉴스의 제작 및 확산 측면에서는 인터넷을 위시한 정보기술의 발전과 페이스북, 트위터, 유튜브와 같은 소셜 미디어의

팽창을 들 수 있습니다. 뉴스의 생산자 및 사실관계에 대한 확인 없이 개별 사용자가 보유한 네트워크를 통해 손쉽게 콘텐츠가 퍼져나가는 소셜 미디어의 본질적 특성은 가짜 뉴스가 난무하기 적당한 환경을 제공하고 있다고 할 수 있습니다. 또한, 진보된 정보기술을 이용해 누구나 쉽게 온라인상의 뉴스 혹은 콘텐츠를 제작할 수 있게 된 반면, 신문이나 방송과 같은 기존 매체의 전반적 신뢰성이 저하된 점 등이 가짜 뉴스 확산의 주요 원인으로 꼽힙니다.

가짜 뉴스를 수용하는 사용자 측면에서는 하버드 대학의 선스타인 교수(Cass R. Sunstein)가 그의 저서 'On Rumors'와 'Going to Extremes'를 통해 제시한 사회적 폭포효과와 집단 극단화 현상을 가짜 뉴스의 확산에 기여하는 요인으로 생각해 볼 수 있습니다. 사회적 폭포 현상은 앞선 사람의 말이나 행동을 그대로 따라 하거나 지인이 어떤 뉴스를 믿으면 자신도 그 뉴스를 믿게 되는 경향을 의미합니다. 그리고 집단 극단화 현상은 같은 생각을 하는 사람들끼리 교류를 하다 보면 해당 집단 내에서 공유되는 견해를 중심으로 더욱 극단적인 생각을 하게 되는 것을 말합니다. 이는 사용자들이 주로 거짓과 편향된 내용을 중심으로 작성된 가짜 뉴스를 접할수록 자신의 기존 생각에 확신을 줄 수 있는 정보만을 선택적으로 받아들이려 하는 '확증편향'을 심화시키게 되며, 결과적으로 더더욱 빠른 속도로 가짜 뉴스가 확산하는 결과를 가져올 수도 있습니다.

가짜 뉴스의 나비효과?

가짜 뉴스가 가져올 수 있는 일차적 폐해로는 우선 특정 의도를 가진 자들의 악의적 선동을 생각해 볼 수 있습니다. 지난 미국 대선에서 나타났던 "힐러리가 테러 단체인 이슬람 국가에 무기를 팔았다", "교황이 트럼프를 지지한다" 등의 가짜 뉴스가 대표적 사례입니다. 서두의 일본 우익 성향 언론의 혐한 가짜 뉴스도 자국은 물론 국제 여론을 자신들에게 유리한 방향으로 선동함으로써 정치적, 경제적 이익을 도모하기 위한 것으로 볼 수 있습니다. 이처럼 가짜 뉴스는 계층 간, 이념 간 양극화를 심화시킴으로써 사회통합을 저해하는 것은 물론 사회불안을 가중하는 결과를 가져올 수 있습니다.

더욱 심각한 문제는 가짜 뉴스를 접하는 대부분의 대중이 뉴스 내용을 뒷받침하기 위한 데이터의 원출처나 사실관계를 파악하기 위한 적절한 능력과 시간이 없다는 것입니다. 그리고 가짜 뉴스를 제작 및 유포하는 사람들은 이러한 정보의 비대칭성과 인터넷상 데이터의 출처를 확인하기 어려운 익명성을 악용하고 있기 때문입니다.

가짜 뉴스 문제를 해결하기 위한 노력

국내외에서 AI(인공지능) 기술을 활용해 가짜 뉴스 문제를 해결하기 위한 다양한 연구가 진행되고 있습니다. 대표적인 사례로 연세대학교 바른ICT연구소의 중장기 연구과제 중 하나인 카이스트 전산학부의 차미영 교수팀의 AI를 활용한 가짜 뉴스 탐지 연구를 들 수 있습니다. 해당 연구에 따르면, 가짜 뉴스 사례와 진짜 뉴스 사례를 수집한 이후, 단어, 어절 등 각각의 뉴스에 담긴 정보 패턴을 중심으로 AI를 학습시키고, 학습을 통해 도출된 알고리즘에 포함된 50여 개의 기준에 따라 가짜 뉴스 여부를 판별할 수 있다고 합니다. 한편 미국 인디애나 대학에서 개발 중인 'Hoaxy'는 소셜 미디어를 중심으로 퍼져 있는 뉴스에 대한 이용자들의 반응을 시각화하여 제공함으로써 가짜 뉴스의 판별에 도움을 줄 수 있다고 합니다. 'Hoaxy' 플랫폼상에서 보이는 트위터의 콘텐츠 네트워크로 파란색은 정상적인 콘텐츠, 노란색 혹은 갈색은 비정상적인 콘텐츠나 가짜 뉴스를 의미합니다.

Hoaxy 플랫폼에 나타난 트위터 콘텐츠 네트워크 분석

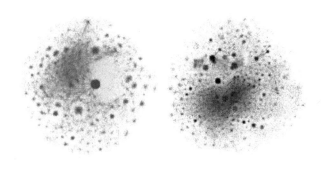

출처: http://cnets.indiana.edu

기술적 노력뿐만 아니라 가짜 뉴스 문제를 효과적으로 해결하기 위해서는 뉴스와 콘텐츠를 소비하는 사용자의 노력 역시 중요합니다. 영국의 BBC를 비롯한 전 세계의 다양한 언론사에서는 가짜 뉴스를 식별하기 위한 가이드라인이나 체크 리스트를 제공합니다. 국내에서는 연세대학교 바른ICT연구소가 동아일보와 함께 뉴스에 대한 대중의 올바른 판단을 돕기 위한 다음과 같은 가짜 뉴스 체크 리스트를 개발하였습니다.

가짜 뉴스 체크 리스트

- ☐ 언론사명, 기자 이름, 작성일이 나와 있나
- ☐ 실체를 알 수 있는 전문가 의견이 실려 있나
- ☐ 믿을 만한 언론사에서 나온 기사인가
- ☐ 기사나 글을 처음 접한 곳이 어디인가
- ☐ 참고 자료의 출처가 분명한가
- ☐ 예전에도 본 적이 있는 글인가
- ☐ 공유 수가 비정상적으로 많은가
- ☐ 상식에 어긋난 내용이 포함되어 있나
- ☐ 한쪽의 입장만 나와 있나
- ☐ 기사 제목이 자극적인가

가짜 뉴스에 대응하기 위한 현명한 방법

가짜 뉴스를 식별하고 효과적으로 대응하기 위한 다양한 노력이 진행되고 있습니다. 그러나 결국 최종적으로 콘텐츠와 뉴스를 받아들이는 당사자는 우리 자신입니다. 가짜 뉴스가 가져올 수 있는 잠재적 폐해에 대해 정확히 인지하고 일상 속에서 접하는 다양한 콘텐츠 및 뉴스의 출처와 사실 여부를 한 번 더 생각해 보는 생활 속 지혜가 필요합니다. 이러한 노력은 일차적으로 건전한 여론과 사회를 만들어 가는 기초가 될 것입니다. 또한, 가짜 뉴스로 여론을 왜곡하고 편익을 취하려는 자 혹은 집단이 미디어 생태계에 발붙이지 못하도록 하는 가장 효과적 방안이 될 것입니다.

7

인포데믹(Infodemic)의
인지 감수성 높이기

연세대학교 바른ICT연구소는 국내 대학생 239명을 대상으로 코로나19 예방 행동 실태를 조사했습니다. 결과에 따르면 대학생들은 '외출 시 마스크 착용'을 가장 잘 지켰습니다(4.75/5점). 하지만 '스마트폰 청결하게 관리하기'(3.07/5점)나 '마스크 겉면 만지지 않기'(3.21/5점)는 잘 지키지 않았습니다.

인상적인 것은 응답자의 97%가 인포데믹 확산에 가담하지 않았다는 점입니다. 단 3%만이 허위정보를 만들거나 확산시켰습니다. 나머지 97%의 대학생은 "확인되지 않은 사실이나 정보를 생산하거나, 다른 사람에게 유포한 사실이 없다"라고 답한 것입니다. 대학생은 SNS 활동 및 정보 공유가 활발한 세대로, 그런 점에서 유의미한 결과로 볼 수 있습니다.

인포데믹의 위험성

인포데믹(Infodemic)은 정보(information)와 전염병(epidemic)의 합성어로 잘못된 정보가 미디어와 인터넷을 통해 빠르게 퍼져나가는 현상(World Health Organization, WHO)을 말합니다. 화장지와 마스크의 원료가 같기 때문에 화장지 생산이 부족해질 것이라는 뜬소문에, 미국과 유럽 대륙 등에서 갑자기 화장지 사재기가 발생했고, 어떤 나라에서는 알코올이 코로나19를 예방한다는 거짓 정보가 퍼지면서 메탄올을 마신 40여 명의 사람들이 사망하는 일까지도 벌어졌습니다. 코로나19와 같은 신종 감염병의 유행 시기는 백신이나 치료법과 예방법이 잘 알려져 있지 않고, 정보에 대한 욕구가 강하기 때문에 인포데믹의 위험성이 더 큽니다. 그 누구라도 감염병으로부터 자유로운 사람들이 없고 생명과 직결되는 문제이기 때문에 더욱 그렇습니다.

인포데믹의 막대한 감염력

물론 허위정보 전파자가 소수라고 해서 인포데믹 현상이 줄어드는 것은 아닙니다. 기초감염재생산수(basic reproduction numbers, R0)[c]를 사용하여 허위정보의 확산 정도를 비교한 한 연구에 따르면, 코로나19의 감염력은 2~3 정도로 내다보고 있지만, 플랫폼 종류에 따라서 허위정보의 전염력은 100 이상이 보고되어 실제 감염에서는

---

c 어떤 집단의 모든 인구가 감수성이 있다고 가정할 때, 한 명의 감염병 환자가 감염가능 기간 동안 직접 감염시키는 평균 인원 수

발생할 수 없는 어마어마하게 큰 확산이 일어나고 있습니다. 따라서 우리나라 대학생의 단 3%만이 인포데믹의 확산의 경험이 있다고 응답한 것은 확산속도로 볼 때, 결코 적은 숫자라고 볼 수 없습니다.

실제로 허위정보, 루머 등은 디지털 시대에 나타난 새로운 현상은 아니며, 이미 고대 그리스의 역사학자 투키디데스도 검증되지 않은 정보의 조작과 확산이 대중의 의견과 생각을 왜곡할 수 있다고 주장한 바 있습니다. 지금과 같이 소셜 미디어 환경에서 정보 생산과 전달이 쉬워지고 속도가 빨라지면서 불확실한 정보의 유통과 확산이 폭증하고 있으며, 이로 인해 개인의 심리와 건강 상태에 영향을 줄 뿐 아니라 인종차별 등 문화적 갈등을 일으키기도 하기에 중요한 문제라고 볼 수 있습니다.

인포데믹을 예방하기 위한 팩트 체크와 공식적 정보의 활용

인포데믹을 예방하는 방법은 팩트(fact)를 확인하는 것입니다. 팩트 체크의 중요성을 알리기 위해 우리나라 과학자들은 '루머를 앞선 팩트' 프로젝트(기초과학연구원과 이화여대)를 시작했습니다. 미국에서는 페이스북, 마이크로소프트, 구글, 트위터 등 IT 기업이 팔을 걷어붙였습니다. 이들 기업은 "코로나19 관련 정확한 정보를 제공하기 위해 힘을 합치겠다"라고 공동성명을 발표한 바 있습니다.

공식 정보를 전달하는 것도 중요합니다. 정보 전달자는 검증되고 안전한 정보를 적시에, 이해하기 쉽게 전달해야 합니다. 그래야만 불확실성에서 오는 공포와 부작용을 최소화할 수 있습니다. 일례로 WHO(세계보건기구)에서는 코로나19와 관련된 정보 플랫폼을 만들었습니다. 이를 통해 누구나 검증된 정보를 찾아볼 수 있도록 공유하고 있습니다.

우리나라도 공식 정보 전달에 힘을 쏟고 있습니다. 보건복지부는 홈페이지를 개설해 코로나19 관련 정보를 전달하고 있습니다. 그리고 학계와 출판사에서는 코로나19 관련 최신 학술연구 결과를 무료로 제공 중입니다.

개인 · 국가적으로 허위정보 인지 감수성 높여야

허위정보 식별에 초점을 두어 ICT(정보통신기술)를 이용한 팩트 체크(식별)와, 이에 따른 공식적 정보 전달을 위한 노력이 이어지고 있으나, 모든 허위정보의 진위를 확인하는 것은 사실상 불가능합니다. 그리고 현재에도 시시각각으로 생산되는 모든 허위정보 차단을 위한 근본적인 해결책을 제시하는 것은 어렵습니다.

따라서 개인의 노력이 필요한 이유는 여기서 찾을 수 있습니다. 정보의 진위를 세심하게 살피고, 잘못된 정보를 확산하지 않도록 주의해야 합니다. 허위정보의 부정적 효과에의 노출을 최소화하는 것이 가장 좋겠지만, 노출되더라고 개인 수준에서 그 악영향을 최소화할 수 있도록 허위정보의 위협성과 감수성 인지를 높이는 것이 중요합니다.

8

감염병 확진자 정보를 대하는
올바른 자세

직장 출근을 위해 이동하고, 장을 보기 위해 마트에 가는 등 우리의 일상이 공익을 위해 공개되는 경우가 있습니다. 바로 공중 보건을 위협하는 '감염병으로 인한 위기 상황 시'입니다. 확진자의 개인 정보는 자동으로 수집되고, 국민들의 감염병 예방을 위해 확진자 정보가 공개됩니다. 누구도 예외가 될 수 없는 확진자의 정보 공개, 만약 그 정보가 나의 정보라면 어떨 것 같나요?

감염병 발생 시, 정보 공개 근거는 무엇일까요?

2020년 새해가 시작되고 스마트폰을 통해 가장 많이 이용한 서비스가 있다면 코로나19 확진자의 이동 경로 확인 앱과 관련 기사가 정리된 포털 사이트 일 것입니다. 확진자의 이동 경로, 이동 수단,

진료의료기관 및 접촉자 현황 등의 정보를 통해 혹시 내가 감염에 노출되었는지 확인하고 미리 대처하기 위함입니다. 공개되는 정보로 인해 개인을 식별할 수 있는 위험이 존재하지만 확진자의 정보를 공개할 수 있는 법적 근거는 무엇일까요? 그것은 바로 감염병의 예방 및 관리에 관한 법률[58] 제34조의 2 "보건복지부 장관은 국민의 건강에 위해가 되는 감염병 확산 시 감염병 환자의 이동경로, 이동수단, 진료의료기관 및 접촉자 현황 등 국민들이 감염병 예방을 위하여 알아야 하는 정보를 신속히 공개하여야 한다."는 법률에 근거하여 공개됩니다. 그 누구라도 감염병 확진 판정을 받게 되면 법률에 따라 확진자의 일부 정보(개인 식별 가능성이 높은 정보라 할지라도)를 공익을 위해 공개하는 것입니다.

공익을 위한 확진자 정보 공개는 언제 시작되었나요?

국가 질병 감시체계 내의 개인 정보의 역사는 1954년 전염병 예방법이 제정되면서 시작되었고, 감염병이 발생할 때마다 관련 법률이 제·개정되어 현재에 이르렀습니다. 감염병의 대응조치를 위해 시행되는 실태조사와 역학조사를 위해 병·의원 이용 정보, 위치 정보, 이동통신 정보 등의 개인 정보가 필요하며,[59] 현재 우리가 확인하고 있는 확진자의 병원명은 최근에 공개되었습니다. 확진자의 병원명 공개는 지난 2015년 국내에 메르스(중동호흡기증후군, MERS-CoV) 발생 때의 경험을 교훈 삼아 바뀐 것입니다. 메르스 발생 초기에는 감염자가 거쳐 간 병·의원 이름이 공개되지 않았습니다. 그 이유는 당시의 메르스 대응지침(메르스 대응지침 2판)에는 병원명을 공개하지 않도록 되어 있었기 때문입니다. 하지만 당시 메르스에 걸리거나 감염 위험에 노출된 사람들은 '환자와 병원에 함께 있었던 사람들'이었고,[60] 병·의원 이름을 초기에 공개하지 않아 오히려 많은 혼란을 겪은 이후, 관련 법 개정을 통해 확진자가 머물고 진료받았던 병원명까지 공개하게 되었습니다(2015년 6월 7일 공개).

'선'을 넘지 않는 의식 있는 정보 소비의 필요성

신종 감염 질병들은 어떻게 감염될지 모르고, 만약 감염되면 백신도 없기 때문에 감염 및 확산에 대한 개인의 불안과 공포심은 클수밖에 없습니다. 특히 사람들은 감염병이라는 부정적인 이미지에 민감하게 반응하고[61] 신종 감염 질병이라는 불확실성은 공포심을 유발하기 때문에[62] 이와 관련한 가짜 뉴스까지 접하게 되면 더 큰 공포심을 느끼게 됩니다. 이러한 공포심은 평소보다 더 적극적으로 정보를 찾고, 전달하기 손쉬운 소셜 미디어나 메신저를 통해 다른 사람에게까지 전달하게 됩니다. 공익을 위해 공개된 확진자 정보를 몇몇 사람들의 악의적인 활용으로 'oo 괴담'과 같이 정보 생성의 주체를 알 수 없는 가짜 뉴스들이 이슈화되고, 이런 가짜 뉴스들은 대중들의 공포심과 부정적 감정을 크게 높여 감염병을 대처하는 데 오히려 부정적인 영향을 미칠 수 있습니다. 그리고 공개된 확진자 정보를 원래 목적인 감염의 확산을 막는 데 내용을 참고하는 것이 아니라, 확진자에 대한 인신성 공격, 경로를 통한 사생활 유추, '슈퍼전파자'[63]와 같은 잘못된 표현으로 인해 당사자에게 가해지는 심각한 인격 침해로 신체적, 정신적 후유증까지 남길 수 있습니다.

감염병 확진자 정보 공개는 감염 전파 차단을 위한 목적이기 때문에 예외적으로 공개하는 것입니다. 즉, 정부 부처는 감염의 확산을 막기 위한 역학조사를 위해 개인 정보를 활용하여 신속하게 대응하고, 정보를 접하는 개인은 감염 예방을 위해 이용하는 정보인 것입니다. 하지만 원래 목적을 잊은 채, 이슈를 만드는 가짜 뉴스를 만들거나 소비하고, 확진자 정보를 일종의 가십거리로 만들어서는 안 될 것입니다. 아직 코로나19의 종결이 나지 않아 모두 불안한 시기입니다. 이럴 때일수록 공포심을 먹이로 퍼지는 가짜 뉴스 및 확진자 정보에 대한 루머 등에 휘둘려 더욱 불안해할 것이 아니라, 확진자 정보를 대할 때 원래 목적으로만 사용하는 '선'을 넘지 않는 의식 있는 정보 소비의 태도가 더욱 필요한 때입니다. 공개된 정보가 나의 정보일 수도 있다는 가능성을 생각해보면, 어떤 확진자의 정보라 할지라도 함부로 이야기할 수 없을 것입니다.

9

코로나19 시대, 다각적 접근을 통한
한국의 코로나19 대응 방법

코로나19의 대유행은 전 세계 공중 보건 능력과 정책을 시험하고 있습니다. 코로나19에 대응하기 위해 방역 당국은 접촉 추적과 정보 공유에 사용되는 기술을 빠르게 채택할 수밖에 없었고, 이로 인해 잠재적인 프라이버시 보호 이슈가 필연적으로 발생했습니다.

대유행 초기에 방역 당국은 효과적 방역을 위해 확진자의 이동 경로, 이동 수단, 접촉자 현황을 신속히 공개했고(감염병 예방 및 관리에 관한 법률 제34조의 2), 바이러스의 확산을 막는 것을 최우선 과제로 삼았습니다. 하지만 대유행 기간이 길어지면서 사생활 보호 강화에 대한 시민들의 요구는 점점 증가하였고, 이를 코로나19 방역 정책에 반영하면서 프라이버시 보호 측면과 바이러스 관리 대책은 균형을 이루게 되었습니다.

바이러스 관리를 위해 필수적으로 시행되고 있는 공공시설 및 기관의 추적은 개인정보 노출을 줄일 수 있도록 방문자 QR코드 인증, 이름을 제외한 전화번호 기록 등 대안책을 활용하고 있습니다. 초기 시행되었던 방문자 일지에 노출된 이름과 전화번호 등 개인정보 노출을 우려한 시민들의 요구가 반영된 대안책인 것입니다. 특히, 노년층의 경우 통화나 문자를 통해 방문자 일지를 관리하는 방법도 고안되어 다양한 계층의 디지털 리터러시(literacy)를 반영한 다각적 방역 관리가 이루어지고 있음을 확인했습니다.

또한 생활 방역의 필수품인 마스크의 안정적인 구매를 위해 민간사업자와 스타트업이 모바일 앱을 개발하면서 시민들은 해당 앱을 통해 마스크 재고를 신속히 확인하고 구매할 수 있는 환경이 만들어졌고, 마스크 대란을 초기에 대응할 수 있었습니다.

지금 코로나19를 버텨내고 있는 한국의 방역은 단순한 개인정보 공개로만 이루어지는 것이 아닙니다. 사회 구성원, 세대, 다양성, 개인정보 민감성, 방역의 당위성을 포함하는 다각적 접근과 사회 구성원 전체의 적극적인 참여로 생활 방역이 이루어지고 있는 것입니다. 위기의 순간에 무엇보다 중요한 것은 정부-기업-시민들 간의 다각적인 협력이며, 특히 시민 참여형 접근법은 코로나19 대유행 속에서 프라이버시 보호와 공공 안전을 강화하는 데 가장 중요한 요인일 것입니다.

10

위드 코로나 시대,
피할 수 없는 스몰 웨딩

올해 지인의 결혼식에 초대받은 일이 있으신가요? 아니면 결혼을 준비하고 있으신가요? 지난 8월 23일, 코로나 바이러스가 다시 확산되면서 사회적 거리 두기 2단계와 함께 50명 이상 모이는 결혼식이 금지되는 상황이 벌어졌습니다. 오랜 시간 결혼을 준비한 부부들은 결혼식을 연기해야 할지, 취소해야 할지 발을 동동 구르는 상황이 되었고, 초대받은 사람들도 참석하기도, 참석하지 않기도 애매한 상황입니다. 유례없는 팬데믹 상황은 우리의 일상뿐 아니라 특별한 날의 이벤트도 변화시키고 있습니다.

사회적 거리 두기 2단계, 그리고 스몰 웨딩

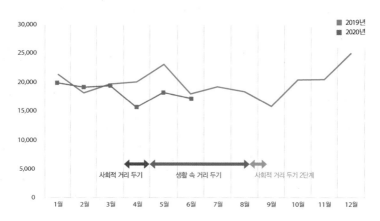

위드 코로나 시대에 감소한 혼인건수

출처: 월, 분기, 연간 인구동향(통계청, 2019년 1월~2020년 6월)

　　스몰 웨딩(small wedding), 허례허식에서 벗어나 소규모로 간소하게 치르는 결혼식을 의미합니다. 그동안 스몰 웨딩이 선택 사항이었다면, 최근에는 코로나 확산 예방을 위해 강요된 상황이 되었습니다. 결혼식장에 참석한 하객은 입구에서 QR코드(전자출입명부)로 방문자 기록을 남기고, 발열 체크 후 입장할 수 있습니다. 기념사진을 찍을 때도 마스크 착용은 필수이며, 식사는 불가능한 상황입니다. 이와 같은 상황은 해외도 마찬가지입니다. 영국에서는 작은 결혼식에 대한 가이드라인을 발표했습니다. 가능한 최소한의 인원이 참석하고, 30명을 넘지 않을 것을 권고하고 있으며, 1m 이상 사회적 거리를 유지할 것을 당부합니다. 식사나 음료도 이용할 수 없습니

다. 비말이 튀길 수 있는 노래나 연주로 인한 에어로졸 위험성도 경고합니다.[64]

온라인 결혼식

사실상 기대했던 결혼식 진행이 어려워진 상황으로 온라인 결혼식을 진행하는 일부 커플의 사례가 소개되고 있습니다. 블로그에 두 사람의 첫 만남과 연애사를 소개하고, 온라인 결혼식으로 전환하게 된 배경을 소탈하게 적어내려 감으로써 댓글로 축하를 받는 사례가 있는가 하면, 최소한의 인원이 모여 결혼식을 진행하고, 이를 유튜브를 통해 생중계로 진행한 사례가 소개된 바 있습니다.[65] 박수 소리는 없지만 채팅을 통한 축하 메시지가 전해지고, 기념사진은 참여자 비디오 화면을 배경으로 함께 찍는 것입니다. 전 국민 격리에 들어간 아르헨티나에서도 온라인 결혼식을 올린 커플이 있습니다. 이들은 집에서 스스로 예식을 준비하고, 소셜 미디어를 이용해 화상으로 결혼식을 진행했습니다.[66] 그리고 이색적인 결혼식도 회자되고 있습니다. 체코의 한 게임 유저가 코로나19 여파로 결혼식이 연기되자 게임에서 가상 결혼식을 하고 싶다는 요청을 했고, 게임사 펄어비스가 이에 응해 게임 속 아름다운 명소에서 결혼식을 진행했다고 합니다.[67]

축의금+메시지, 간편결제 시스템으로

결혼 당사자의 고민은 말도 못 하겠지만, 하객 역시 결혼식 참석 여부에 대해 고민이 깊습니다. 바이러스 확산에 대한 안전 문제가 가장 크지만, 실내 결혼식이 50명으로 인원이 제한되면서 가족, 친지가 아닌 이상 참석 가능 여부에 대해 알 수 없기 때문입니다. 더군다나 50명이 넘어가면 벌금까지 물 수 있는 상황에서 서로에게 민폐가 될까 모두가 조심스러운 상황입니다. 이렇듯 모두의 안전이 더 강조되는 상황에서 결혼식에 참석하지 못한 사람들은 간편결제 시스템을 통해 축의금을 보내는 현상 또한 증가하고 있습니다.[68]

그러나 사회적 거리 두기를 준수하기 위해 오랜 시간 결혼식을 준비해 온 커플들이 부담해야 하는 것은 상심한 마음뿐 아니라 여러 웨딩 관련 업체와 맺은 수많은 위약금일 것입니다. 분명한 건 당사자의 잘못이 아닌 그 부담이 고스란히 소비자에게 돌아가서는 안된다는 것입니다.

결혼은 두 사람이 한 가정을 이루어 함께 새로운 삶을 시작하고 부부로서 법적 권리를 갖는다는 점에서 사회적으로도 중요한 의미를 지닙니다. 결혼식은 당사자들에게 친인척, 친구, 지인들 앞에서 부부 관계를 맺는 서약을 하는 의식이며, 하객 역시 가까이서 축하하고 오래 만나지 못했던 지인들과 인사를 나누는 자리이기도 합니다. 현 상황에서 온라인 결혼식은 가까이서 마주하지는 못하지만, 축복을 전할 수 있는 하나의 대안이 될 수 있을 것입니다. 또한, 장점을 살린다면 훗날 웨딩 산업의 하나의 트렌드로 자리매김할 수 있지 않을까요? 혼란이 가득한 코로나19 상황이지만, 축복 속에서 부부가 탄생할 수 있도록 실효성 있는 대책 마련이 필요한 때입니다.

BARUN ICT RESEARCH CENTER
FOR HUMAN-CENTERED ICT SOCIETY

1. Common Sense Media. https://www.commonsensemedia.org/
2. Internet Matters. https://www.internetmatters.org/
3. World Health Organization(2019). Guidelines on physical activity, sedentary behaviour and sleep for children under 5 years of age. World Health Organization. https://apps.who.int/iris/handle/10665/311664. License: CC BY-NC-SA 3.0 IGO
4. Hunter, J. F., Hooker, E. D., Rohleder, N., & Pressman, S. D. (2018). The use of smartphones as a digital security blanket: The influence of phone use and availability on psychological and physiological responses to social exclusion. Psychosomatic medicine, 80(4), 345-352.
5. 신정순, 여형남. (2019). 남성 흡연자의 금연시도 경험에 관한 현상학적 연구. 한국산학기술학회 논문지, 20(11), 170-180.

6. Perski, O., Jackson, S. E., Garnett, C., West, R., & Brown, J. (2019). Trends in and factors associated with the adoption of digital aids for smoking cessation and alcohol reduction: A population survey in England. Drug and alcohol dependence, 205, 107653.

7. 박광식. (2015). 감염으로부터 나를 지키는 '손 씻기'. 방송기자, 25, 80-81.

8. Alonso, W. J., Nascimento, F. C., Shapiro, J., & Schuck-Paim, C. (2013). Facing ubiquitous viruses: when hand washing is not enough. Clinical infectious diseases, 56(4), 617-617.

9. Koscova, J., Hurnikova, Z., & Pistl, J. (2018). Degree of bacterial contamination of mobile phone and computer keyboard surfaces and efficacy of disinfection with chlorhexidine digluconate and triclosan to its reduction. International journal of environmental research and public health, 15(10), 2238.

10. Monteiro, A. P. T. D. A. V. (2016). Cyborgs, biotechnologies, and informatics in health care – new paradigms in nursing sciences, Nursing philosophy, 17(1), 19-27.

11. Liao, Q., Cowling, B., Lam, W. T., Ng, M. W., & Fielding, R.

(2010). Situational awareness and health protective responses to pandemic influenza A (H1N1) in Hong Kong: a cross-sectional study. PLoS One, 5(10).

12. Cheng, C., & Tang, C. S. K. (2004). The psychology behind the masks: Psychological responses to the severe acute respiratory syndrome outbreak in different regions. Asian Journal of Social Psychology, 7(1), 3-7.

13. 이동훈, 김지윤, & 강현숙. (2016). 메르스 (MERS) 감염에 대해 일반대중이 경험한 두려움과 정서적 디스트레스에 관한 탐색적 연구. 한국심리학회지: 일반, 35(2), 355-383.

14. Geneva, I. I., Cuzzo, B., Fazili, T., & Javaid, W. (2019, April). Normal body temperature: a systematic review. In Open Forum Infectious Diseases (Vol. 6, No. 4, p. ofz032). US: Oxford University Press.

15. 명관대, 박성원, 정고운, 이희철, 윤소영, & 신손문. (2016). 영아의 부모들에게 권장할 적절한 체온 측정 방법. 대한응급의학회지, 27(5), 458-463.

16. 한국콘텐츠진흥원(2011). 문화기술 심층리포트

17. 전자통신동향분석(2018). 5G NR 기반 개방형 스몰셀 기술 동향,

33권 5호, 한국전자통신연구원

18. 전자통신동향분석(2014). 스몰셀 시장현황 및 전망, 29권 2호, 한국전자통신연구원

19. Minoli, D., & Occhiogrosso, B. (2019). Practical Aspects for the Integration of 5G Networks and IoT Applications in Smart Cities Environments. Wireless Communications and Mobile Computing.

20. 정보통신산업진흥원(2018). Virtual Reality 기술의 정신치료적 활용, 이슈리포트 2018-제36호.

21. Botella, C., García-Palacios, A., Villa, H., Baños, R. M., Quero, S., Alcañiz, M., & Riva, G. (2007). Virtual reality exposure in the treatment of panic disorder and agoraphobia: A controlled study. Clinical Psychology & Psychotherapy: An International Journal of Theory & Practice, 14(3), 164-175.

22. Freeman, D., Haselton, P., Freeman, J., Spanlang, B., Kishore, S., Albery, E., Denne, M., Brown, P., Slater, Mel., & Nickless, A (2018) Automated psychological therapy using immersive virtual reality for treatment of fear of heights: a single-blind, parallel-group, randomised controlled trial. The Lancet

Psychiatry, 5(8), 625-632.

23. 통계청(2019). 2019년 9월 온라인쇼핑 동향.

24. 한국소비자원(2019). 2018년 국제거래 국제소비자상담 동향 분석.

25. Scamadveser. https://www.scamadviser.com/

26. 행정안전부(2019). 재난문자방송 기준 및 운영규정(행정안전부 예규 제76호 2019.5.31 시행)

27. Sina. https://finance.sina.cn/stock/relnews/hk/2020-01-28/detail-iihnzhha5037276.d.html

28. 아주경제(2020. 2. 13). [신종코로나 속 ABC파워] 中, 전염병과의 전쟁, AI드론, 원격진료 '총동원'.

29. 통계청(2020). 온라인쇼핑동향조사.

30. 환경부(2020). 불법폐기물 현황 보도자료 (7월 2일)

31. Jacoby, J., Berning, C. K., & Dietvorst, T. F. (1977). What about disposition?. Journal of marketing, 41(2), 22-28.

32. Trudel, R., Argo, J. J., & Meng, M. D. (2016). The recycled self: consumers' disposal decisions of identity-linked products. Journal of Consumer Research, 43(2), 246-264.

33. Naver DataLab. http://datalab.naver.com

34. 한국관광공사(2020). 빅데이터로 본 언택트(Untact) 시대와 변

화하는 여행. 2020 KTO 리포트.

35. Spiegel(2015). http://www.spiegel.de/lebenundlernen/schule/ smombie-ist-jugendwort-des-jahres-a-1062671.html

36. 한국교통안전공단(2013). 보행중 스마트폰 사용, 얼마나 위험할 까? http://photolog.blog.naver.com/PostView.nhn?blogId=au tolog&logNo=10182047378&categoryNo=0&parentCategory No=10

37. Horberry T, Osborne R, Young K. Pedestrian smartphone distraction: Prevalence and potential severity. Transportation Research Part F: Traffic Psychology and Behaviour (2019). 60:515-523

38. 도로교통공단(2019). 교통사고 정보 http://taas.koroad.or.kr/sta/ acs/gus/selectStaInfoGraph.do?menuId=WEB_KMP_IDA_ TAI

39. Haga S, Sano A, Sekine Y, Sato H, Yamaguchi S, Masuda K. Effects of using a Smart Phone on Pedestrians' Attention and Walking. Procedia Manufacturing 2015 Sep;3(3):2574-2580.

40. 행정안전부 국민안전교육포털 kasem.safekorea.go.kr

41. 과학기술정보통신부 · 한국정보화진흥원(2020). 2019 인터넷이

용실태조사.

42. 과학기술정보통신부 · 한국정보화진흥원(2019). 2019 디지털정
    보격차실태조사.

43. 오주현(2017). 장노년층의 사회적 관계와 스마트 미디어 이용에
    관한 연구: 세대 내 정보격차 조명과 세대 간 보완 관계의
    효과. 연세대학교 박사학위논문.

44. DiMaggio, P., Hargittai, E., Celeste, C., & Shafer, S. (2004). Digital
    Inequality: From unequal access to differentiated use. In Social
    inequality. Edited by Kathryn Neckerman. New York: Russell
    Sage Foundation. 355-400.

45. 한국정보통신기술협회 (2018). '4차 산업혁명 핵심 융합사례: 스
    마트 시티 개념과 표준화 현황'

46. 건설경제신문(2019). '국토부, 스마트 시티 서비스로드맵 설명회
    개최'

47. 이투뉴스(2019). '스마트에너지시티 비즈니스 전략 컨퍼런스'

48. 리더스경제(2019). '부산 스마트 시티 산업 전략 시민 공유 토크
    콘서트 25일 개최'

49. 한국정보화진흥원(2019). 'AI.데이터가 만드는 도시 데이터 기
    반 스마트도시 – 해외사례를 중심으로'

50. Dora, C. (2006). Health Hazards and Public Debate: Lessons for Risk Communication from the BSE/CJD Saga. World Health Organization.

51. Tversky, A., & Kahneman, D. (1973). Availability: A heuristic for judging frequency and probability. Cognitive Psychology, 5(2), 207-232.

52. "총선 전까지 정부가 코로나19 검사 못하게 한다" 가짜 뉴스 퍼져, 연합뉴스, https://www.yna.co.kr/view/AKR20200330087700017

53. Lazer, D. M., Baum, M. A., Benkler, Y., Berinsky, A. J., Greenhill, K. M., Menczer, F., ... & Schudson, M. (2018). The science of fake news. Science, 359(6380), 1094-1096.

54. Swire, B., Ecker, U. K., & Lewandowsky, S. (2017). The role of familiarity in correcting inaccurate information. Journal of experimental psychology: learning, memory, and cognition, 43(12), 1948.

55. Gottfried, J., & Shearer, E. (2017). Americans' online news use is closing in on TV news use. Pew Research Center, 7.

56. Gottfried, J., & Shearer, E. (2017). Americans' online news use is

closing in on TV news use. Pew Research Center, 7.

57. Silverman, C. (2016). Here are 50 of the biggest fake news hits on Facebook from 2016. Buzzfeed News, 1-12.

58. 감염병의 예방 및 관리에 관한 법률 제 34조 2 (해당 웹페이지: www.law.go.kr)

59. 감염병의 예방 및 관리에 관한 법률 제 76조 2

60. Butler, Declan (2015). South Korean MERS outbreak is not a global threat, Nature News, Springer Nature.

61. Higgins, E. T. (1997). "Beyond pleasure and pain," American Psychologist, 52(12), 1280-1300.

62. Morales, A. C., Wu, E. C., & Fitzsimons, G. J. (2012). "How disgust enhances the effectiveness of fear appeals," Journal of Marketing Research, 49(3), 383-393.

63. '메르스 슈퍼전파자 낙인 찍힌 순간' (MBC 뉴스데스크, 2020. 01. 07) https://imnews.imbc.com/replay/2020/nwdesk/article/5648446_32524.html

64. COVID-19: Guidance for small marriages and civil partnerships (updated 14 August 2020).

65. 29STREET (2020. 4. 6). 코로나19 확산에 '온라인 결혼식' 올린

부부..”감동 더 크다”

66. 연합뉴스 (2020. 3. 24). 코로나 시대의 사랑…’전국민 격리’ 아
    르헨 커플, 온라인 결혼식

67. EBN (2020. 6. 12). 펄어비스 검은사막 이용자 커플 ‘가상 결혼
    식’ 진행

68. 한겨레 (2020. 8. 25). 50인+ 결혼식 금지…카카오페이 축의금
    사용 늘었다

■■■■ **저자소개**

김범수

　연세대학교 정보대학원 김범수 원장/교수는 개인정보보호 전문
가로 주요 연구 분야는 개인정보보호 법제도, 프라이버시, 개인정
보보호 국제 협력 등이다. 현재 OECD '데이터 거버넌스 · 프라이
버시(DGP, Working Party on Data Governance and Privacy)' 부의장
을 수행하면서 개인정보보호 및 프라이버시 국제 협력 강화를 위해
힘쓰고 있다. 또한 민간 국제 연구협력 공동체인 Asia Privacy Bridge
Forum을 2016년 부터 유럽, 미국 중심으로 운영되는 글로벌 개인정
보보호 정책을 아시아 특성에 확장하고 고도화하는 연구와 논의를
하고 있다.

　바른ICT연구소는 바른ICT활용을 통한 혜택을 확대시키고자 노
력하고 있다. ICT의 효과적인 활용을 강조하고, 부정적 측면을 미리
파악하여 최소화하기 위해 이용자들이 적용할 수 있는 구체적 방법
을 찾는 데 초점을 맞추어 연구 및 정책을 제안하고 있다.

오주현

연세대학교 사회학과에서 박사 학위를 받았으며, 현재 바른ICT 연구소 연구 교수이다. 주요 관심 분야는 사회자본, 세대, 정보불평등, 디지털 리터러시, 스마트폰 과의존이며 다수의 논문이 국내외 저널에 개제되었다. 학자로서, 자녀로서, 부모로서 디지털 기술이 가져올 수 있는 부작용을 최소화하고, 모두가 디지털 혜택을 누릴 수 있는 삶을 기대하며 연구하고 있다.

김미예

성균관대학교에서 경영학 박사 학위를 받은 이후, SKKU Fellowship, 한국연구재단 박사후연수를 거쳐 숙명여자대학교 초빙교수를 역임하였다. 소비자 지식 및 개인 정보, ICT와 소비 행동, 소셜미디어, 온라인 리뷰 등의 주제로 국내외 주요 학술지에 다수의 논문을 게재하였다. 현재 바른ICT연구소 연구 교수이며, ICT 문화 속 소비자 행동을 중심으로 연구를 하고 있다. 바른 ICT 연구를 통해 지구 환경문제를 개선하는 데 작게나마 도움이 될 수 있기를 바라는 마음으로 연구를 진행 중이다.

박선희

　연세대학교 간호대학을 졸업하고, 연세대학교 대학원에서 석·박사 학위를 받았다. 연세대학교 의료원에서 20년간 간호사와 파트장으로 근무하면서 환자 돌봄과 병원 경영에 남다른 애정을 가지고 헌신하였다. 연세대학교 간호대학 연구교수를 거쳐, 현재 바른ICT 연구소 연구교수로서 스마트폰의 바른 사용과 신체적, 정신적 건강과의 관련성을 연구 중이며, Journal of Public Health, Asia-Pacific Journal of Public Health, Primary Care Diabetes 등을 포함한 국제학술지에 다수의 논문을 발표했다. 태아에서부터 노년에 이르는 모든 인간이 ICT에 지배당하지 않고, 바르고 윤리적이며, 능동적이고 주도적인 사용으로 건강을 유지증진 하도록 돕는 것을 소명이라 생각하고 있다.

원승연

　연세대학교에서 학부를 졸업하고, 연세대학교 대학원에서 언론학 석사 학위를 받았다. 현재 연세대 바른ICT연구소 연구원이며, 인간의 건강한 삶에 기여할 수 있는 ICT의 역할에 대해 연구하고 있다.

오현우

　금융결제원 정보보호기획팀 차장이며, 연세대학교 정보대학원에서 석사를 하였다. 정보보호정책, 개인정보보호 등 정보보호 관련 분야에 관심을 갖고 중점적으로 연구하고 있다. 향후 장애인을 도와주는 인공지능 등 첨단 정보통신기술을 이용하여 우리 사회의 모든 구성원이 보다 행복하게 살 수 있는 사회를 꿈꾸고 있다.

구윤모

　현재 부산연구원 연구 위원이다. 고려대학교에서 경영학 석·박사 학위를 취득하였고, 연세대학교 바른ICT연구소에서 연구교수를 역임했다. ㈜현대오토에버에서 컨설팅 및 SI프로젝트 관리 업무를 수행하였다. 주요 관심 분야는 정보기술 아웃소싱, 정보기술의 기업확산 및 영향, 지식경영 등이다. MIS Quarterly, Journal of Strategic Information Systems, Information & Management, Information Systems Review 등을 포함한 다수의 논문을 국내외 학술지에 발표했다.

최진선

　현재 숙명여자대학교 ICT융합연구소 책임연구원이다. 연세대학교에서 경영학 박사 학위를 받은 이후, 연세대학교 바른ICT연구소 연구 교수를 역임하였다. 주요 관심 분야는 온라인 마케팅, 빅데이터 분석, 소셜 미디어 내 텍스트 분석 등이며, 국내외 학술지에 논문을 발표했다.

BARUN ICT RESEARCH CENTER
FOR HUMAN-CENTERED ICT SOCIETY